土楼

中国传统建筑
营造技艺丛书
（第二辑）

刘 托 主编

客家土楼
营造技艺

KEJIA TULOU
YINGZAO JIYI

谢华章 王华洋 编著

APTIME
时 代 出 版

时代出版传媒股份有限公司
安徽科学技术出版社

图书在版编目(CIP)数据

客家土楼营造技艺 / 谢华章,王华洋编著. --合肥:
安徽科学技术出版社,2021.6
(中国传统建筑营造技艺丛书 / 刘托主编. 第二辑)
ISBN 978-7-5337-8283-2

Ⅰ.①客… Ⅱ.①谢…②王… Ⅲ.①客家人-民居-
建筑艺术-中国 Ⅳ.①TU241.5

中国版本图书馆 CIP 数据核字(2020)第 153837 号

客家土楼营造技艺   谢华章　王华洋　编著

出 版 人:丁凌云　选题策划:丁凌云　蒋贤骏　余登兵　策划编辑:翟巧燕
责任编辑:翟巧燕　胡彩萍　责任校对:李 茜　责任印制:李伦洲
装帧设计:王 艳
出版发行:时代出版传媒股份有限公司　http://www.press-mart.com
　　　　　安徽科学技术出版社　　　　　http://www.ahstp.net
　　　　　(合肥市政务文化新区翡翠路 1118 号出版传媒广场,邮编:230071)
　　　　　电话:(0551)63533330
印　　制:合肥华云印务有限责任公司　　电话:(0551)63418899
(如发现印装质量问题,影响阅读,请与印刷厂商联系调换)

开本:710×1010　1/16　　　印张:12.75　　　　字数:204 千
版次:2021 年 6 月第 1 版　　　2021 年 6 月第 1 次印刷

ISBN 978-7-5337-8283-2　　　　　　　　　　　　定价:69.80 元

丛书第二辑序

自2013年"中国传统建筑营造技艺丛书"第一辑出版至今，已经8年过去了。这8年来，"营造技艺及其传承保护"已然成为中国传统建筑文化及文化遗产保护领域的热门话题，相关的课题研究、学术论坛高倍聚焦于此，表明了营造技艺的学术性和当代性价值。不惟如此，"营造"一词自1930年中国营造学社创立以来，重又为社会各界广泛认知和接受，成为人们了解传统建筑的一种新的视角，或可以说多了一把开启中国建筑文化之门的钥匙。

研究营造技艺的意义是多方面的：一是深化和拓展了建筑历史与理论研究的领域；二是丰富和充实了文化遗产保护的实践；三是在全国范围内，特别是在民间，向广大民众普及了对保护和传承非物质文化遗产（简称"非遗"）的认知。正是随着非遗保护工作的不断深入，我们对一些已有的认知也在逐渐深入和更新。比如真实性问题，每一种非遗都是富有生命活力的存在，是一种生命过程，这是非遗原真性的核心内涵，即它是活着的生命体，而不是标本。这与物质形态的真实性有所不同，其真实与否是活态非遗真伪的判断标准。作为文物的一座建筑，我们关注的是物态本身，包括它的材料、造型等，可能还会延伸到它的建造历史，它甚至可以引导我们穿越到初建或改建时的那个年代；而作为非遗的技艺，建筑物只是一个符号，我们要揭示的是建造技艺延续至今所包含的人类文明和人类智慧,它在我们当今生活中所扮演的角色,让我们既感受到人类文明的涓涓流淌,又体验到人类生活的丰富多样。我们现在在古建筑物质形态保护方面,对原真性保护虽然原则上也强调使用原材料、原工具、原工艺进行修缮,然而随着"非物质文化遗产"概念的引入和普及,传统技艺本身已然成为保持文化遗产真实性的必要条件和要素,成为被保护的直接对象。对技艺的非物质保护,首先就是强调其原真性需要得到保护,技艺的原真性就是有序传承的技术、做法、工艺、技巧。作为被保护对象,它们不应被随意改变。如同文物建筑不得被任意破坏或改动一样,作为非物质的载体,物质性的作品、成品、半成品、工具等都是展示技艺的要件,它们同时承载着识别技艺和展示技艺的功能,不应人为刻意掩盖或模糊技艺的真实呈现。所谓修饰一新、整旧如旧的做法,严格意义上说都不符合真实性原则。

又比如说活态性问题,非物质文化遗产是活态遗产,指的是非物质文化遗产在历史进程中一直延续,未曾间断,且现在仍处于传承之中。它是至今仍活着的遗产,是现在时而非过去时。一般而言,物质形态的遗产是非活态的,或称固态的,它是凝固、静止的,它是过去某一时段历史的遗存,是过去时而非现在时,如建筑遗构、考古遗址,乃至一般性的文物。然而非物质文化也并非全都是活态的,因而也不都是文化遗产,它们或许只是文化记忆,比如说终止于某一历史时期的民俗活动与节庆,失传的民歌、古乐、古代技艺,等等,虽然它们也是非物质的,也是无形的,但它们都已经成为消失在历史长河中的过去,被定格在某一时间刻度上,或被人们所遗忘,或被书写在历史文献中,它们在时间上都归为过去时。而成为活态的遗产则都是现在时,是当今仍存续的、鲜活的事项,如史诗或歌谣仍然被传唱,如技艺或习俗仍然在传承和被遵守,尽管它们在传承中也有所发展,有所变异。由此可见,活态并非指的是活动或运动的物理空间轨迹及状态,而指的是生生不息的生命力和活力。活态性也表现在非物质文化遗产在传承与传播中不断地应变，像生命体一样在与自然环境及社会环境的相互作用中不断地生长、适应与变化，积淀了丰厚的政治、经济、历史、文化、科技信息，积累了历代传承人的智慧和创造力，成为人类文明的结晶，如唐宋时期的营造技艺发展到明清时期已然发生了很多变化，但其核心技艺一脉相承，并直到今日仍被我们所继承和发扬。

再比如说整体性问题，营造技艺并非只强调技术，而应该包含营建活动的全部，"营"代表了其中的精神性活动，"造"代表了其中的物质性活动。在联合国教科文组织所列的五种非遗类型中，有一些项目是跨类型的，建筑即是如此。虽然我国现行管理体制中把建筑列入技艺类项目，但其与人类认知、民俗、文化空间等内容都有着紧密的联系，这也证明了营造类文化遗产的复杂性和丰富性，需要我们认真研究和传承。现实中没有一项文化遗产不是一个复杂的综合体和有机体，它们都具有自己的完整结构和运行规律，每一项非物质文化遗产都是由持有人、遗产本体（如技艺、表演等）、物质载体（如产品、艺术品等）、生态环境（自然与人文环境）共同构成的。整体性保护就是保护文化遗产所拥有的全部内容和形式，对非物质文化遗产的科学保护意味着对其相关要素进行全面保护，否则就难以实现保护的初衷，难以取得成效。营造技艺保护在整体性方面可谓表现得尤为典型。

中国非物质文化遗产是按照分类进行专项保护的，但许多遗产在实际存续状态中往往涉及多种类型，如不强调整体性保护，很可能造成遗产被割裂、分解，如表演艺术中的戏剧、曲艺，大多涉及文学、音乐、舞蹈、美术，以及民俗。仅以皮影为例，就涉及说唱、美术、制作技艺等，只有整体保护才能取得成效。不仅如此，除去对遗产本体进行保护外，还要对其赖以生存的生态环境予以保护，其中既包括文化生态，也包括自然生态。就营造技艺而言，整体性保护意味着对营造技艺本体进行全面保护，即包括设计、建造、技术、工艺等各个方面。中国古代建筑的设计与建造是一个整体的两个方面,不可分割;不像现在,设计与施工已经完全是两个不同的专业领域。"营造"一词中的"营",之所以与今天所说的建筑设计有差异,主要在于它不是一种个体自由创作,而是一种群体性、制度性、规范性的安排,是一种集体意志的表达,同时本质上也是一种技艺的呈现形式。其实,任何一种手工技艺都含有设计的成分,有的还占据技艺构成的重要部分,如青田石雕、寿山石雕等。相比之下,营造方面的"营"包含的设计内容更为丰富,更为复杂。

对营造技艺的全要素进行整体性保护,需要打破物质与非物质、动态与静态、有形与无形的界限,正确认识它们之间的相关性。它们常常是一枚硬币的正反面,保护一方面的同时不应忽略另一方面。虽然我们现在强调的是针对非物质文化遗产的保护,但随着对文化遗产整体观认识的不断深化,我们必然会迈向文化遗产整体保护的层面,特别是针对营造技艺这类本身具有整体性特征的遗产对象。整体性保护与活态性相关,即整体保护中涉及活态(动态)与静态保护的有机统一。这里的活态保护主要不是指传承人保护,而是强调一种积极的介入性保护手段,即将保护对象还原到一个相对完整的生态环境中进行全面保护,这需要我们在一定程度上打破禁锢,解放思想,进行创新。现在有很多地方尝试进行一定的活化改造,即集中连片或成区片地整体保护传统街区、村落、古镇,同时保护与之相关的自然与人文生态,包括原有的地域性生活样态,如绍兴水乡、北京南锣鼓巷街区、川(爨)底下古村落等,都在力争保持或还原固有的风貌、风情、风俗,这是一种生态性的整体保护策略,是整体保护理念的体现。

在理论探索的同时,营造技艺的保护实践也在逐渐系统化和科学化,各保护单位和社会团体总结出了诸如抢救性保护、建造性保护、研究性保护、展示性保护、数字化保护等多种方式。

抢救性保护主要指保护那些因自身传承受到外部环境冲击而难

以为继,需外力介入才能维持存续的项目,其保护工作主要包括对技艺本体进行记录、建档、录音、录像等,对相关实物进行收集整理或现状保存,对传承人进行采访,系统整理匠谚口诀,建立工匠口述史档案,给生活困难的传承人以生活补助或改善其工作条件,等等。

建造性保护是非遗生产性保护的一种转译,传统技艺类项目原本都是在生产实践中产生的,其文化内涵和技艺价值要靠生产工艺环节来体现,广大民众则主要通过拥有和消费其物态化产品来感受非物质文化遗产的魅力。因此,对传统技艺的保护与传承也只有在生产实践的链条中才能真正实现。例如,传统丝织技艺、宣纸制作技艺、瓷器烧制技艺等都是在生产实践活动中产生的,也只有以生产的方式进行保护,才可以保持其生命力,促使非遗"自我造血"。相对一般性手工技艺的生产性保护,营造技艺有其特殊的内容和保护途径,如何在现有条件下使其得到有效保护和传承,需要结合不同地区、不同民族、不同级别的文化遗产项目进行有针对性的研究和实践,保证建造实践连续而不间断。这些实践应该既包括复建、迁建、新建古建项目,也包括建造仿古建筑的项目,这些实质性建造活动都应进入营造技艺非物质文化遗产保护的视野,列入保护计划中。这些保护项目不一定是完整的、全序列的工程,可能是分级别、分层次、分步骤、分阶段、分工种、分匠作、分材质的独立项目,它们整体中的重要构成部分都是具有特殊价值的。有些项目可以基于培训的目的独立实施教学操作,如斗拱制作与安装,墙体砌筑和砖雕制作安装,小木与木雕制作安装,彩画绘制与裱糊装潢,等等,都可以结合现实操作来进行教学培训,从而达到传承的目的。

研究性保护指的是以新建、修缮项目为资源,在建造全过程中以研究成果为指导,使保护措施有充分的可验证的科学依据,在新建、修缮项目中和传承活动中遵循各项保护原则,将理论与实践相结合,使各保护项目既是一项研究课题,也是一个检验科研成果的实践案例。

实际上，我们对每一项文物修缮工程或每一项营造技艺的保护工程，在实施过程中都有一定的研究比重，这往往包含在保护规划、保护设计中，但一般更多的是为了满足施工需要，而非将项目本身视为科研对象来科学系统地做相应的安排，致使项目的宝贵资源未得到充分的发掘和利用。在研究性保护方面，北京故宫博物院近年启动了研究性保护的计划，即以"技艺传承、价值评估、人才培养、机制创新"为核心，以"最大限度保留古建筑的历史信息，不改变古建筑的文物原状，进行古建筑传统修缮的技艺传承"为原则，以培养优秀匠师、传承营造技艺、探索保护运行机制等为基本目标，探索适合中国国情的古建筑保护与技艺传承之路。

随着第五批国家级非物质文化遗产代表性项目名录推荐项目名单的公示，又将有一批营造技艺类保护项目入选名录，相应的研究和出版工作也将提上议事日程，期待"中国传统建筑营造技艺丛书"第三辑能够接续出版，使我们的研究工作即便不能超前，但也尽力保持与保护传承工作同步，以期为保护工作提供帮助，为民族文化遗产的传播做出切实的贡献。

刘　托

2021年1月27日于北京

令人陶醉与神往的客家土楼

　　客家土楼是世界传统建筑艺术宝库的重要组成部分，是中国古代住宅建筑及夯土版筑文明的光辉典范。

　　客家土楼适合大家族聚居，具有突出防卫功能，是用夯土墙承重的巨型土木结构建造的多层居住建筑。它的特色表现在居住空间环周布局，形成同一屋檐下聚族而居的形式，并且是"巨型"和"多层"的（图0-1）。这种"巨型"与"多层"的民居建筑，千姿百态，形状各异，充分体现了土楼建筑师非凡的创造力和建筑才能。

图0-1　田螺坑土楼群

早在11—13世纪,闽西南、赣南、粤东一带就有先民开始建造土楼聚族而居,14—16世纪土楼建筑得到极大的发展,17世纪至20世纪上半叶达到鼎盛,并一直延续至20世纪80年代。

中国传统住宅建筑之早期形态,就其造型艺术与思想及技术而言,无论是圆形还是方形,都是以"四架三间"为基本原则的。客家土楼与中国其他传统民居最大的共同点就是其"四架三间"的结构形式。它在内部布局上,中轴线鲜明,如五凤楼(府第式)的厅堂、大门、主楼都建在中轴线上,横楼(屋)和附属建筑分布在左右两侧,整体两边严格对称;以祖堂为核心,楼楼有厅堂,以主厅(祖堂)为中心组织院落,以院落为中心进行群体组合,以此体现中国的封建礼教、宗族制度和儒家思想。

在选址上,客家土楼充分考虑地质、水文、气候等自然条件;在用材上,主要是土、木、石、竹;在建筑技法上,承重墙体全部使用夯土墙,夯土墙的高度与厚度之比是25:1,技术高超;在总体布局上,依山傍水,因地制宜,合理安排整个村落的建筑空间环境,实现民居建筑技术与艺术的巧妙结合,达到人与自然的和谐统一;在形制上,变化丰富、千姿百态、造型各异;在单体平面布局上,以人为本,适应聚族而居、安全防卫等各方面的需要;在审美上,既保留传统的建筑风格,又有创造性的发展,融神秘、自然、古朴于一体,门面及厅堂装饰突出体现了中国传统文化的审美取向,与整体和谐统一,从而开创了土楼建筑艺术的新形式,成为世界传统民居中特有的一种类型。

客家土楼以其独特的艺术风格、博大深邃的文化内涵、巧夺天工的都市化聚居景象,充分体现了中国传统住居文明的非同寻常的理想追求。它具有极典型的民族性、历史性与地域性特质,是中国传统理念追求的天、地、人"三才"合一的体现,也即现代科学所追求的生态环境的优秀成果。大量土楼实物从不同侧面记录、保存了5 000年来不同时代中国传统住宅的造型艺术风格和夯土技艺,表现了不同历史时期与不同地理自然空间中的中国传统住宅建筑的造型思想与夯土技艺的发展变化,具有不可替代的历史价值、文化价值、艺术价值、科学价值和鉴赏价值。

客家土楼作为一种传统的人类居住形式,是汉族传统建筑住居文化的杰出范例。一是客家土楼是中原夯土版筑技术经几千年积累提高的技术结晶,这种夯土墙的技术水准在客家土楼的营造中达到了登峰造极的境界。二是由单栋土楼的巨大体量及土楼群实现的亲族聚落,在传统农业社会具有强烈的都市化意味,而这是别的住宅及住居风俗所难以实现的。三是客家土楼及其群落,具有极其明显的山水田园人家的风情(图0-2),村与村之间的分界极其清楚,它一方面反映了传统农业文明条件下的血缘聚居社会生活与劳动经济的独立性和封闭性,另一方面则以土楼圆方造型思想、夯土版筑技术、土楼内部空间规则、土楼本身与周围自然环境的关系、聚居模式及相应的生活劳动风俗,活灵活现、完整地体现了中国传统文化的血缘核心思想及儒家文化,深刻反映了中国多民族融合、文化多元发展的历史进程。

图0-2 长教土楼

现今地处闽粤赣山区的土楼乡村(图0-3),总体上保存了完整的传统人文文化精神与客观物质形态,以及历史的规模、原状和风貌。人们来到这里,就如同进入精美绝伦的神话世界,它如立体的画、无声的诗、凝固的音乐、跳动的乐章,令人陶醉与神往。

图0-3　土楼绿韵

编　者

目　　录

第一章
客家土楼产生与发展的历史背景和自然环境

第一节
北方居民大规模南迁造就了闽粤赣山区的人文基础

　　闽粤赣交界地区是客家土楼的主要分布区域。在中原大批居民到来之前,这里的原住居民主要是古越族及其后裔畲、瑶等少数民族居民,他们过着洞居和"刀耕火耘"的原始生活。从夏商时代到战国中期这段时期内,生活于现福建及其邻近地区的原住民族,与越国南下的于越族人(越国的前身是古代"于越部落",故又称作"于越""於越")融合成闽越族。大约在公元前1200年,古闽越族人进入青铜器时代,并从事渔猎、原始农业,且拥有一定的陶瓷、纺织和造船技术。这些古闽越族人的居处,早时以半地穴式住宅为主,新石器时代进入干栏式建筑阶段。

　　西晋之后,中原地区深受旱灾、水患及频繁战乱所害,导致中原民众一次次向南方迁徙。袁家骅等编写的《汉语方言概要》一书中说:"中原人民迁移入闽的过程,大概始自秦汉,盛于晋唐,而以宋为极。"西晋永嘉年间(307—313年),中原地区大规模战争不断,又出现罕见的大旱和蝗灾;东晋建武年间(317—318年),晋元帝率中原臣民从京师洛阳南渡,史称"永嘉之乱,衣冠南渡"。这是中原民众第一次大规模南迁。他们跨过黄河,渡过长江,越过鄱阳湖抵达赣南;又从赣南翻越武夷山,进入闽西。赣南占据江西省南部整个狭长地带,古代是中原与粤、闽两地沟通的咽喉孔道。南迁的流民为了生存,多数聚众自保,这就形成了闽粤赣交界地区兴建碉堡式土楼(图1-1)的文化基础。

图1-1 土楼残墙

唐初,从福建泉州到潮州之间还是蛇豕出没的荒凉地区。清人杨澜在《临汀汇考》中写道:"天远地荒,又多妖怪,獉狉如是,几疑非人所居。"说的就是唐宋时福建的情景。而这"非人所居"之地,对逃离故园、迁徙到此的中原民众而言,就如同一个与世隔绝的世外桃源。这里虽然没有北方那样广袤可耕的良田熟地,但他们还是在一个个因丘陵密布和溪水纵横而形成的大小不等的盆地上拓荒种植,繁衍生息。

据《福建通志》记载,隋末唐初,福建泉州与广东潮州之间的闽南粤东地区发生了"蛮獠啸乱"。唐总章二年(669年),唐高宗李治提任归德将军陈政为岭南行军总管,率府兵3 600名南下平乱,在云霄江畔的火田(今云霄县火田镇)一带建宅落居。仪凤二年(677年),陈政病故,陈元光奉命代理父职。他英勇善战,屡败"蛮獠",又数次率军入粤,平息了潮州、循州(今龙川县)一带的寇患。经过艰苦卓绝的努力,剿抚并举,恩威兼施,陈元光率中原子弟,近8 000名府兵,平息了唐初以来在这里屡屡发生的动乱。这些中原府兵及其子孙成了闽南漳州及泉州、龙岩和粤东潮汕一带的居民主体,漳州也成为"扼闽粤之吭,开千百世衣冠文物"(《漳州府志》)的"八闽名邦"之一。

自唐玄宗天宝十四年(755年)起,至唐代宗宝应元年(762年)结束的"安史之乱",对唐朝后期的影响巨大。随后,北方的胡族攻入中原,唐朝进入战乱和藩镇割据时代,之后进入更为混乱的五代十国时期,导致生灵涂炭,家园被毁,中原民众只好背井离乡,到相对安定的南方寻找安居之所。这一时期大约有100万中原人口向南方迁移,许多中原民众逃入闽粤赣边区,一定程度上造就了这里的经济和人文基础。据《太平寰宇记》记载,福建在北宋建隆元年至太平兴国二年(960—977年),已有467 815户;据《元丰九域志》记载,元丰三年(1080年)增至972 087户,2 043 032人。唐天宝年间(742—756年),漳州已有5 846户,17 940人。而在赣南,唐末五代时,因地广人稀,相对偏僻安静,因而也成为避乱者的理想栖身之所,大量中原难民涌入赣南,到北宋初年人口剧增10倍,外来移民已远远超过当地原住民。此后,从中原迁入赣南的移民又不断往闽西、粤东迁徙。

北宋宋钦宗靖康年间(1126—1127年),金人大规模南侵造成"靖康之乱",其后100余年宋、金对峙。北方广大沦陷区的人民不堪忍受金朝贵族的统治和民族压迫,被迫举族南迁。他们经江西赣州进入福建西南部的汀州等地,带入的中原语言、文化与当地文化的长期融合,形成了以客家话为代表的客家民系。南宋初年,福建人口比北宋末年增长31%。由于人口骤增,福建出现许多人文荟萃之区,原先的"蛮荒之地"大多变成了"鱼米之乡"。漳州由于地处东南一隅,战乱较少,社会比较安定,人口增至2.4万多;熙宁六年(1073年)增至10万多;淳祐年间(1241—1252年)又增至16万多,正是"民生日繁,鸟兽避迹"。在此期间,为加强统治,朝廷下令对福建的重要城池进行修筑。如邵武于太平兴国四年(979年)置军时,修筑土城,熙宁十年(1077年)又行修筑;汀州城于治平三年(1066年)拓建周围2.5千米有余;福州城于绍熙二年(1191年)甓城约13.3千米;漳州城于绍定三年(1230年)全部石砌。

明末清初的30年战乱,导致又一批中原民众南迁到闽粤赣山区地带。其时,生活在这一片山区的人口繁衍发展较快,许多人向川、湘、桂、台诸地以及粤中和粤西一带迁徙。

此外,历代还有不少人因被贬谪或经商、游学而到南方闽粤赣地区定居。

早期到达闽粤赣山区的先民,饱尝颠沛流离之苦,在这崇山峻岭、与世隔绝的蛮荒之地,伐木为栅,披茅结庐,作为遮阳避雨的栖身之地。为了应对这种特殊的生存环境,以及与当地原住民的抗争,他们深切地体会到,只能靠聚族而居来谋求生存与发展。因此,他们在不断与当地原住民融合、辛勤耕耘、创立新家园的过程中,就地取材,建筑简陋而相对牢固的"堡"或"寨"作为住房,聚族而居,让同一祖先的子孙们在一幢楼里形成一个独立的社会,共存共荣,共亡共辱。当时的土堡大多建造在易守难攻、便于进退的山头,其主要功能是武装抵御与安保,或是民众固定的躲避武力侵扰的临时居所。土寨也是具有防御性的建筑。据福建省永定区①《奥杳黄氏族谱》记载,奥杳黄氏始祖谭公在元朝至大年间(1308—1311年)迁居奥杳时,在浮山中村"筑寨而居"。

第二节
动荡的社会环境促成了土楼的发展

一、社会动荡

唐时,闽粤"蛮獠"强悍,"啸乱"严重。陈政、陈元光父子率中原府兵抵达漳州,平息"蛮獠啸乱"。为征服"蛮獠",陈元光发动府兵和百

① 古属汀州府永定县。2014年,撤销永定县,设立龙岩市永定区。

姓"辟草莽,斩荆棘,建宅第",让军中百姓全部落籍此地。在战争骚乱不断的特定环境下,屯兵扎寨理所当然要强调防卫的要求,因此他们没有照搬中原四合院的建筑形式,而是建造了许多山寨和城堡,用于居住与防卫。

据《漳州府志》记载,唐代陈元光的"营寨""牧马场"(即屯兵处)是有记载的最早的山寨之一。宋元以后的史书中有关山寨的记载更多,当时山寨已是早期山民的永久性住宅,或是兵燹动乱时期的临时性居址。福建省南靖县山城镇下戴村官圆自然村的一个小山头上,现存一处接近圆形的土山寨遗址(图1-2)。该遗址环周土墙还残留2米多高,内墙中间设有防卫走廊,山寨中央原来还有一座堡垒式的小圆寨。据说这个村的张姓随陈元光入闽,土山寨遗址唐代就有,说明已有千余年的历史了。

图1-2 圆形土山寨遗址(黄汉民)

当时,随着大批中原民众的南迁,闽西南山区"土客之争"的问题也日益突出。宋、元、明时期(11—14世纪),社会动荡,许多战事蔓延至闽西南,如"宋政和四年(1114年)管天下、任黑龙、满山红等义军攻打漳、泉、汀、建等州。宋绍兴十九年(1149年),又有何白旗在汀、漳、泉一带领导起义"[1]。此时以四周夯土墙围合,具有防卫性质的山寨

---

[1] 黄汉民,《福建土楼》,《汉声》第65期,1994年。

图1-3 土山寨遗址

（图1-3）大量出现。据20世纪40年代前出版的《永定县志》记载，南宋前永定县境内溪南里、丰田里、金丰里的"寨"就有31处，如溪南里的新寨、赤寨、西湖寨、金寨、仁梓寨，丰田里的上寨、新寨、下寨、中寨、龙王寨、网岗寨，金丰里的太平寨、杨家寨、天德寨、苏屋寨、曾屋寨、高头寨，等等。这些以生土夯筑而成的"寨"，既是民居，又具有突出的防卫功能。

宋末元初，寇乱多次入侵闽西南一带。谢梅年《长泰县志》记载："宋绍兴末，有寇流劫，乡里骚动。邑民蔡君泽纠集乡民保石冈寨，贼攻寨，泽击破之。"元至元十七年（1280年），陈吊眼率众在漳州起义，《元史·高兴传》一书记载："盗陈吊眼聚众十万，连五十余寨，扼险自固。""元至元二十五年（1288年），三支义军攻漳浦、长泰、龙溪；元至元二十六年（1289年），畲族义军邱大老攻长泰，钟明亮派江罗攻漳州，陈机察等攻龙岩……元（后）至元三年（1337年），李志甫、黄二使在南胜县（今平和县、南靖县）起义。元至正五年（1345年），万贵率义军攻漳州；元至正十三年（1353年），曾飞和管得胜义军攻下龙岩城……"[1]为使这片僻壤山区汉畲相安共处，官府在此屯兵固守疆围，设立巡检卫，安营扎寨。此时闽西南一带也开始出现土楼，这是土楼的初始形态。

明嘉靖四十年（1561年），上杭胜运樟田背人，因岁饥，以平谷为名，聚众万人，劫永定、连城。据乾隆《汀州府志·杂记》记载，嘉靖"四十三年（1564年），饶平贼罗袍入寇，被杀者七百余人，以积雨溪涨，城乃得解。"顺治五年（1648年）"四月，宁化贼邹华率邱选合大禾尚等攻其邑，副总高守贵却之。五月，流寇乘江西金声桓变，聚众十数万逼郡

---

① 黄汉民，《福建土楼》，《汉声》第65期，1994年。

城。"康熙"十五年(1676年)五月二十日,叛将刘应麟结海寇陷汀州。"当倭寇、海寇猖獗时,闽西的山寇亦乘势而起,这些寇乱常常游离于闽、粤、赣之间,鱼肉百姓,民众苦不堪言。因此,民众大量营造土楼,用于抵御匪盗袭击,其建筑形式渐趋考究,功能也较多样化,土楼逐步走向成熟的发展期。

目前所知最早有土楼记载的是明天启三年(1623年)、由南赣巡抚唐世济主持修纂的《重修虔台志》,该书在卷七《事记》中有这样的记载:"福建永安县贼邓惠铨、邓兴祖、谢大髻等,于嘉靖三十八年(1559年)聚党四千人,占据大、小淘水陆要道,筑二土楼,凿池竖栅自固,且与龙岩贼廖选势成犄角……"当时,朝廷为了对付湘、闽、粤、赣之交不断的寇乱,还在江西赣州、南安,福建漳州、汀州,广东潮州、惠州、韶州、广州,湖南郴州"八府一州"之地设立南赣巡抚,巡抚衙门设在赣州。《重修虔台志》卷七还记载:"已复攻围土楼,禽(擒)贼首吴长富,斩一百一十九级,独邓兴祖据楼抗拒,攻之不克。公委推官刘宗寅亲诣连城益兵三千四百,屯姑田,潜夜部勒……而土楼仍未破也。漳南道调发把总郭成苗兵一千,永安县民兵四百来。时贼中有投降何五福者,愿为内应,兴祖所遣细卒求救于龙岩廖选者,又为官兵所执,贼计穷,听五福诱,邓兴祖、谢大髻出巢告招,伏起,二酋就缚,大兵乘势攻入土楼,获二酋妻,杀其拒敌者,余贼奔溃,兵焚其楼以旋。"土楼在此次官军围剿抵抗的农民武装造反者的过程中起了很大的阻碍作用。

据史料记载,明正德年间(1506—1521年),闽西南一带山寇、盗贼劫掠乡里,南靖县金山镇新村驻防官兵在龟仑山鸠工筑寨,建造兵营,俗称"兵厝寨"。为抵御匪寇侵扰,使族民避患,村民于清雍正十年(1732年)对年久失修的兵厝寨进行维修,并勒石于寨门上,石匾书"龟仑寨"。兵厝寨便从边关塞寨演变成了土楼民居。

到了清代,流民的劫掠更加剧了闽西南的社会动荡。咸丰年间(1851—1861年)的太平天国运动也波及闽西南边远山区。太平天国于南京被覆后,太平军"李世贤部十余万由江西至闽经龙岩上杭入漳,一由武平岩前走豪坑,渡沙头城,窜入永境,官军与战失利,居民迁,城遂陷,盘踞数月,各乡遭大损失"。清同治三年(1864年),太平军数万人从永定县进入南靖县,攻占梅林、长教、书洋、奎洋、山城、靖城等地;李世贤及其女婿陈光远也率领数万人从漳平永福进入南靖,攻占和溪、金山、龙山、靖城一带。这两支军队沿途烧杀抢掠,乱杀无辜。社会动荡不安,促使当地居民更注重安全防护。

江西赣南地区,明中期以后,也是盗贼活动频繁之地;特别是流民开发所形成的新区域,更是盗贼的天下。"江西盗贼的蜂起始于正德五年至正德六年间(1510—1511年)。当时作乱的土匪主要有五股。"这些土匪各自依山结寨,和官兵对抗。在江西南部和福建、广东、湖广交界之区,山深林密,一向是盗匪出没之地。在正德十一年(1516年)时,这里的土匪有许多,他们"结寨器聚,纵兵骚掠,侵扰于江西、福建、广东、湖广之交,纵横千余里,地方官兵屡剿无功"[1]。王守仁《立崇义县治疏》(《王阳明全集》卷十)记载:"上犹县崇义、上保、雁湖三里,先年多被贼杀戮,田地被其占据;大庾县(今大余县)义安三里,人户间被杀伤,田地贼占一半;南康至坪一里,人户皆居县城,田地被贼阻荒。"道光《定南厅志·人物》记载:"谢碧,(龙南)高砂堡人……(嘉靖)二十七年(1548年),岑贼李鉴入寇,碧集乡兵御之……斩俘众多,大获功赏。鉴怀仇,招纳亡叛……碧与战,被杀。族属死者三百余人,妻罗氏被掳死节。"

在广东潮汕地区,明清时期也十分动荡。王琳乾、黄万德的《潮汕史事纪略》记载:"饶平人张琏,嘉靖三十七年(1558年)聚众起义,与林朝曦、萧晚、罗袍互为犄角,统众10万余人,劫掠汀、漳、连城、宁都、瑞金,攻陷云霄、南靖,多次大败进剿的福建与广东官兵,纵横闽、粤、赣三省,自称为'飞龙人主'……坚持近5年。"嘉靖四十年(1561年),福建总兵俞大猷被派往赣南剿匪,讨平粤贼张琏,肃清赣南群匪。

---

[1] 陈致平,《中华通史》第9册:《明史前编》,2013年。

由于社会动乱,战事频发,特别是随着明清动乱的加剧,人们仿造兵营寨堡,创造了土堡、围楼这些集居住、防御等功能于一体的实用的围合型生土建筑,以适应生产、生活和防卫的要求。

二、倭寇进犯

所谓的倭寇,是指14—16世纪侵扰、劫掠中国和朝鲜沿海地区的海盗。据史料记载,元末,日本进入南北朝分裂时期,其内战中的败将残兵、海盗商人及破产农民流入海中,乘明初用兵之机,屡屡骚扰和掳掠中国沿海地区民众,形成了元末明初的倭患。明洪武二十五年(1392年),日本北朝统一南朝,在战争中失败的一些南朝封建主,就组织武士、商人和浪人,到中国沿海地区进行武装走私和抢劫烧杀等海盗活动。

明嘉靖时期,东南沿海一带商品经济得到进一步发展,对外贸易相当发达。一些海商大贾为了牟取暴利,不顾朝廷的海禁命令,与"番舶夷商"相互贩卖货物,结党营私;有的甚至勾结日本倭寇,于沿海劫掠。《筹海图编·叙寇源》记载:"今之海寇,动计数万,皆托言倭奴,而其实出于日本者不下数千,其余则皆中国之赤子无赖者入而附之耳。大略福之漳郡居其大半,而宁绍往往亦间有之,夫岂尽为倭也。"

从嘉靖年间持续到隆庆、万历年间约40年时间,是明朝倭寇为害最剧烈的时期,史学界称"嘉靖大倭寇"。据清光绪《漳州府志·灾祥》记载,嘉靖二十八年(1549年),有倭寇驾船直抵月港安边馆,"壮士陈孔志受檄往援,乘巨舰直当其冲,中炮死,倭亦随遁(漳有倭患自此始)"。嘉靖三十一年至三十六年(1552—1557年)沿海倭患最为严重,这一时期主要是日本海盗和中国海盗。嘉靖三十七年(1558年)后,福建、广东成为倭患的重灾区,这些海寇对福建和广东许多沿海地区进行猖獗的进犯。嘉靖三十七年(1558年)进犯福建永定县湖雷乡;嘉靖三十八年(1559年),倭寇数千人由龙溪天宝侵入南靖,屯据永丰、竹园,所到之处"焚劫杀掠不计其数";嘉靖四十一年(1562年),再度入侵南靖;嘉靖四十二年(1563年),倭寇连陷福建寿宁、政和、宁德、福清、龙岩、大田、莆田等地;嘉靖四十三年(1564年),倭寇万余人进攻福建仙游,被当时的福建总兵戚继光击破,亡命南走,又被戚继光击败于福建同安、漳浦,部分残余的倭寇南窜至广东潮州,和当地的土匪吴平相勾结。倭寇所到之处,极尽烧杀抢掠之能事,民众苦难深重。

在倭寇侵犯日趋严重的形势下,沿海各地修筑城池,各府县的城池也逐渐完固。多数城池都用砖石包砌,外有城壕,上有台堞,坚固性和防御性超过前代。嘉靖末年,浙、直、闽、粤的沿海防务打破了卫所的防御区划,形成了新的防御区域。漳州府就设有浯屿水寨1处、镇海卫1处、巡检司15处。当时闽南作为重要的军事防御地区,卫城设在南太武山下的镇海,统东山、诏安、漳浦等地7个卫所及辖铜山水寨,每个卫所都建有卫所城堡(图1-4),用于驻军防卫。明成化《八闽通志》记载:"(漳州海澄)濠门巡检司城在府城东一二三都,周围一百五十丈六尺①,城北辟一门,建楼其上。"通过加强卫所、寨堡等建设,减少寇患威胁。漳州市龙海区豆巷村的溪尾铳城,始建于明崇祯二年(1629年),

图1-4 古夯土城墙

① 1丈≈3.33米;1尺≈0.33米。

为防寇患而建,其为圆形,周长202米,北临海砌石83米,其余用灰土夯筑,四面各建炮楼。据明万历《漳州府志》记载,诏安县土城有5处:岑头土城、梅州土城、土桥土城、上湖土城和甲洲土城。这些官建的城和巡检司也成了倭寇或盗贼侵扰时,百姓的最佳避难之处。

"官方大量建造城堡,充其量也只能保护局部地区,而倭寇骚扰掠夺的对象则常常是乡下村镇,沿海人民叫天不应,入地无门,为了地区和家族的安全,(村民)也争相建造土堡、土楼(图1-5)以自卫。"[①]广东潮汕沿海一带居民多聚族自

图1-5　土楼残墙

保,或一村筑一堡,或数村合一寨,武装自卫以御敌。当时民众多筑围建堡以自卫,久而乡无不寨,高墙厚栅,处处皆然。经过100多年的筑城建寨运动,明末潮汕一带重要的居民点几乎全部成了置寨防御、自卫战守的军事堡垒,并出现了围龙屋,以及圆形、方形或八角形的土楼生土建筑。广东省饶平县道韵楼就是在那个战事频发的年代建成的。为了抵御外来侵略者,土楼在外围墙设枪眼、炮口,在楼的大门顶部设注水暗涵防火烧楼门,防兵乱、防乡斗、防盗贼,是一座固若金汤的古堡式村寨。

云霄县火田镇菜埔村建于明崇祯年间(1628—1644年)的菜埔堡,是典型的城堡,其平面呈椭圆形,周长约600米,高5～8米,采用"楼堡合一"的布局,具有独特的明代闽南沿海建筑风格。菜埔堡以三合土夯筑而成,依城墙而建的楼房大多为2～3层,城堡东、西、南、北各设一个门,四个角各设一个突出的角楼,有较强的防御功能。它是漳州现

---

① 王文径,《城堡与土楼》,2003年。

存的唯一全部用三合土夯筑的城堡。明朝中后期，倭寇常到云霄抢劫，曾任宁波知府的张士良筹资建筑菜埔堡，让村民进行抗倭自卫。闽浙总督左宗棠于同治四年（1865年）闰五月初五日会福建巡抚徐宗干作《攻毁云霄厅岳坑匪巢余逆净尽折》，有这样的表述："窃维漳州一带负山滨海，民间土楼石寨林立，由明季备倭、国初备海寇而设立。"南靖县山城镇溪城村的方形弧角土楼岐山楼，也是为抵御倭寇侵袭，让村民守望相助，于嘉靖年间（1522—1566年）兴建的一座土楼。

明嘉靖三十六年（1557年）六月二十五日，海寇许朝光、谢策等突至龙溪县月港，登岸焚烧千余家，杀掳无数。"是年，福建中丞阮鄂下令民间筑土堡防倭。土楼（图1-6）初筑，其利弊就已见端倪。濒海八、九都的张维等24人，号称"24将"，造大船接倭。三十七年（1558年）冬，漳州巡海道邵楩，率兵剿捕进入许坑，张维率众拒敌，官兵被杀，由是更加嚣张，各据土堡为巢。旬月之间，附近效尤，各立营垒。三十八年（1559年）三月，倭寇由东厝岭抵月港八、九都，转石码、福浒、东洲、水头掠舟流劫。八月，复由天宝寨入南靖，所过焚掠一空。是年，明廷设南路参将署于漳州城内，对付海上倭寇和广东饶平的张琏反明武装。但是，此时的明卫兵制度已腐朽得不堪一击，四十年（1561年）闰五月

图1-6　古土楼

十三日夜，饶贼陷镇海卫，杀掠官兵无数。四十一年（1562年），倭贼袭陷玄钟千户所。官兵自身难保，根本无力保护乡土的安宁。仓促来临、规模巨大的嘉隆之乱，漳民已无法指望官兵的保护，而通倭者为了自己的生存，皆纷纷效仿巡检司城，就地取材，建造速度快的土堡、土楼随之应运而生。"[1]清康

---

① 郭联志，《血雨腥风创土楼》，《福建民族》第6期，1997年。

熙《漳浦县志》明确指出："土堡之置，多因明季，民罹饶贼、倭寇之苦，于是有力者率里人依险筑堡，以防贼害耳。"

随着盗贼频繁侵扰，闽南各地民众开始采取大批量、小规模化建成较小的土堡，以增加土堡的分布范围。其中，以龙溪、海澄（此二县即今漳州市区、华安县、海沧）、漳浦和诏安等沿海县最为显著。明嘉靖四十四年（1565年）进士、漳州先贤林偕春在《兵防总论》中曰："坚持不拔之计，在筑土堡，在练乡兵。何以效其然也？方倭奴初至时，挟浙直之余威，恣焚戮之荼毒，于时村落楼寨，望风委弃。……凡数十家族聚为一堡，寨垒相望，雉堞相连，每一警报，辄鼓铎喧闻，刁斗不绝。贼虽拥数万众，屡过其地，竟不敢仰一堡而攻，则土堡足恃之明验也。"

明天启年间（1621—1627年），龙溪进士陈天定写给漳州知府施邦曜的《北溪纪胜》中说"烟火稠密，楼堡相望"，说明当时漳州九龙江中下游的民众已建造土堡、土楼，用以抵御。明崇祯六年（1633年），海澄县知县梁兆阳修纂的《海澄县志》记载了嘉靖三十五年（1556年）进士、广东廉州知府黄文豪的一首《咏土楼》赋："倚山兮为城，斩木兮为兵，接空楼阁兮跨层层，奋戈矛兮若虎视而龙腾，视彼逆贼兮如螟蛉。吁嗟，四方俱若此兮，何至坑乎长平！奈何弃险阻于不守兮，闻虎狼而心惊？古云闽中多才俊兮，岂无人乎请缨？谁能销兵器为农器兮，吾将倚为藩屏。"此系我国最早出现"土楼"两字的歌赋，意义重大。黄文豪登进士第时，正是倭寇对漳州沿海进行大规模烧杀荼毒、"民死过半"、"闽中之乱未有如嘉靖末年之甚，而在漳尤甚"的血雨腥风年代。据明万历元年（1573年）《漳州府志》记载，南靖县当时民间设立土楼寨数多，但县册无开，无由登载。据《南靖石刻集》记载，明时南靖有不少明确始建年代的土楼，如建于明万历年间（1573—1620年）的丰宁楼、种玉楼、兴宁楼、都美寨等。

明末清初杰出的思想家顾炎武在《天下郡国利病书》中引《漳州府志·兵防考》记载："漳州土堡，旧时尚少，唯巡检司及人烟辏集去处设有土城,嘉靖辛酉年(1561年)以来,寇贼生发,民间团筑土围土楼日众,沿海尤多。具列于后:尤溪县土城二,土楼十八,土围六,土寨一;漳浦县巡检司土城五,土堡十五;诏安县巡检司土城三,土堡二;海澄县巡检司土城三,土堡九,土楼三。"当时,漳州沿海黎民百姓为防倭御盗,"团筑土围土楼日众"。

福建省漳浦县建于嘉靖三十七年(1558年)的一德楼,建于嘉靖三十九年(1560年)的贻燕楼,建于隆庆三年(1569年)的庆云楼,就是例证。一德楼主体建筑为方形,长27米,宽26米,楼墙底部为两层石地基,以上全部用三合土夯筑;楼墙外10米建有围墙,墙内隔出若干个小房间,像是楼外小圆楼;墙外是由天然河道改道而成的护楼河,绕楼一周,形成保护土楼的第一道屏障。这座土楼墙体夯筑的配料、配筋以及平面布局、防火、排水排污、楼门、楼匾的设计,都已达到相当成熟的程度。

由此可见,明后期大量发展的土筑城、围、楼、堡,是抗倭战争的产物,是时势使然。由土城、土寨、土堡等演变而成的土楼,在防倭寇烧杀抢掠中起到了重要作用,并得到进一步发展,营造技艺也逐步走向成熟。

第三节
经济发展为土楼的建造
提供了保障

在闽粤赣三角地带这片静谧的山区腹地,唐代以后,随着犁、耙的出现(图1-7),耕织日盛,旷土渐辟。特别是从唐总章二年至元和十四年(669—819年),在这150年间,陈元光家族祖孙6代及其属下官兵且战且耕,传播中原文化,兴学办校。同时,他们劝农务本,鼓励耕织,兴修水利,改善农耕;扶持工商,发展工贸;寓兵于农,积极屯田;大力推行均田制,招

图1-7 农耕(张志坚)

徕流亡者,建宅垦荒,开村落,拓山林;轻徭薄赋,善政养民,对于归附的山越"流移",实行"不役不税",扶持生产,使处于闽粤间的这一千古蛮荒之地走向长治久安和初步的繁荣发展,原始的耕作方式得到了改变,出现了新的聚居方式与生产方式,形成了许多以血缘关系聚居的自然村和团体,高度发达、自给自足的小农社会在闽粤赣三角地带山区占据主导地位。

以福建为例,宋时,朝廷为了维持对福建的统治,废除苛捐杂税,以缓解社会矛盾;大力鼓励农桑,推动农业生产;积极兴修水利,修桥建路,发展交通。两宋时期,福建社会经济进入封建时代的全盛阶段,成为对全国有影响的、以水稻耕作为中心的农业区之一。此时福建农业的开发,山区以梯田(图1-8)为主,沿海以垾田为多。

图1-8 梯田(张志坚)

《宋史·地理志》称:"虽硗确之地,耕耨殆尽。"沿海的围垦规模更大,漳州是新兴垦区,比较有名的水利工程有新渠、章公渠和郑公渠等。土地的开发利用,促进了农业的发展,使福建物产殷丰,稻米、粟、麦、茶叶(图1-9)、甘蔗、油菜、麻、水果等,在全国占有显著地位。当时漳州就大量种植绿

图1-9 茶叶种植

皮甘蔗,制糖业迅速发展,生产出白砂糖、冰糖、角砂糖等新产品,被称为"八州糖王"。元丰年间(1078—1085 年),福建金、银、铜等矿开发范围广泛,多产现象普遍。进入宋代以后,福建纺织业也得到较大发展,特别是丝绸,已跻身全国重要产区之列。元朝时,只要垦辟的土地登录在地籍上,官府能据此按章缴税,均允许垦辟,且不加干涉,这极大地刺激了农民垦荒耕作的积极性。

《山海经》记载:"闽在海中。"农业、手工业的发展,为海上贸易提供了条件。宋元时期,福建泉州、厦门、漳州海上交通、对外贸易和经济发展臻于鼎盛。尤其以泉州刺桐港、漳州月港饮誉海内外,当时数以万计的外国人慕名而来。到了明朝万历年间(1573—1620 年),中国"海上丝绸之路"正是兴起之时,当时漳州月港、泉州港、厦门港、福州港并称"四大商港"。《天下郡国利病书》记载:"泉漳商民,贩东西洋代农贾之利,比比皆然。"崇祯《海澄县志》记载:"月港自昔号巨镇,店肆蜂房栉比,商贾云集,洋舶停泊,商人勤贸迁,航海贸易诸番。"月港"货贝聚集",源自福建华安、平和、漳平甚至江西境内的无数货物顺着九龙江支流聚集月港。从景泰至万历年间(1450—1620 年),海外航线发展到40多个国家和地区。其时,漳州最大宗的货物"克拉克瓷",以及茶叶、烟草等货物源源不断地通过厦门港和漳州月港销往日本、东南亚和欧洲各国。据史料记载,17 世纪的这一段时间,光是从东印度公司运往欧洲的中国"克拉克瓷"就达 1 600 万件,可见当年商贸活动之繁忙。农业和手工业等产业因海外贸易迅速发展起来。如漳州地区最为发达的纺织业,漳绒、漳纱、漳绢等均以漳州名牌销往海外,家庭纺织业遍及城乡;"神州妙药"片仔癀和"品重珍珠"的八宝印泥相继问世;制糖业、造船业日益壮大,出现"百工鳞集,机杼炉锤"的局面。茶、糖、水果等农品及其加工制品,通过月港大量行销海外。

海外贸易的兴盛,不仅对明朝的财政收入起到了重要作用,而且给民众带来了极大的经济利益,为建造大型土楼提供了物质和经济条件。华安县仙都镇大地村的二宜楼,就是该村蒋氏先民经营茶叶发迹后建造的。据载,生于清康熙十六年(1677年)的蒋士熊,专心致力于经营,把当地的茶叶等土特产运到沿海出售,获利颇丰,并于清乾隆五年(1740年)兴建二宜楼。安溪县西坪镇平原村的映宝楼,建于清雍正八年(1730年),其建造者也是做茶叶生意的,他成了村里的巨富后便耗费巨资建造了此楼。现在第三层楼上,还保留着100多个当年用来置放制茶锅器的坑。

闽西自宋代以后,商品性农业和加工业、矿产品采掘及加工业均得到较大发展。明中叶起,汀江流域带有商品性的经济作物种植日益广泛,林产品和烟草成为汀州的两大出口产品。汀州的蓝靛在明清时期成为江南地区纺织业发展的重要染料来源,其木材成为沿海地区造船、建房的主要材料,烟草制品在清代市场占有率极高,更获得了"烟魁"的美誉。当时汀州府八县"膏腴田土,种烟者十居三四,其中以杭(上杭)、永(永定)为盛"。明朝中期以后,龙岩市适中镇的条丝烟畅销全国,烟草种植、加工和贸易使得适中民众积累了大量财富,至康乾盛世期间达到鼎盛,几百座土楼(图1-10)就是在这样的经济基础上建造起来的,且在清雍正至嘉庆年间(1723—1820年)达到高潮。

17世纪中叶至20世纪上半叶(清代、民国时期),闽西南山

图1-10 土楼残墙

区一带的条丝烟、茶叶等加工业蓬勃兴起,销往全国,甚至远销东南亚各国。如在清康熙至乾隆年间(1662—1795年),永定县广种烟草,所产条丝烟质地精良,销路日广,每年有五六万箱销往各地,甚至远销南洋诸国。当时永定县的烟草商人、烟刀商人等族商众多,"清代咸丰初

年(1851年)起至20世纪30年代,是高头条丝烟业(包括制造业和销售业)从兴起到鼎盛的时期,当时,这个人口不到4 000的村庄,居然同时办起大小近百家的烟厂……高头烟厂生产出来的条丝烟除部分在当地销售外,大部分产品外销……清朝中后期,湖雷罗陂村也是生产条丝烟的大村庄,不足500人的村子竟有30多家烟棚。"①

大批烟商大发其财,普通烟商经济也得到改善,使得民众有了大兴土木、建筑土楼的经济基础。道光《永定县志》载:"乾隆四十年(1775年)以后,生齿日繁,产烟也渐多,少壮贸易他省……永民之财,多积以贸易。"出现了"居多楼堡,高者四层、五层,屋不逾三堂五室七架。拥资者周架围屋,楼外有堂壁,用垩灰屏柱髹漆"。如永定县高头

图1-11 烟刀坊

村(今永定区高头乡)江氏,发家后兴建了福聚楼、锦华楼等多座土楼。湖坑镇洪坑村的林氏家族三兄弟自办烟刀厂(图1-11),致富后四处修桥、筑路、建凉亭、办学校,为乡邻做了不少公益事业。他们于清光绪六年(1880年)花20万银圆营造了一座府第式的方形土楼——福裕楼;于1912年花8万银圆,用5年的时间建起了富丽堂皇的振成楼。另外,1903年老三林仁山还在洪坑村头独资兴建了一所古色古香、中西合璧式的学校——日新学堂。

"土楼的建设一开始是出于聚族而居,以提高族人生存与发展能力的考虑,而明清后的土楼建设则多是经商致富后的产物,楼中的居民守望相助,结成一个较为完整的农、工、读、商经济体系。闽西居民因多是外来移民,团结和对家族的责任意识深深地融于居民的血脉之中,进而成为一种文化基因;上千年记叙不断的族谱与土楼门联上的郡望名称是本地居民敬祖先重于拜神明传统的重要写照,带领同族共同发展成为先行者的一种自主意

① 蔡立雄,《闽商发展史·龙岩卷》,厦门大学出版社,2016年。

识。"①

而广东潮汕一带,明代海上贸易的兴衰起伏,给潮州的社会、经济、文化等各个方面带来了连锁作用。福建有大量移民迁入潮州,使潮州的人口数量持续增长,劳动力资源充足。在人口增长的刺激下,农业商品化的倾向明显加强,该地区的手工业和商业繁荣,制糖、纺织等行业悄然兴起;潮州所产的青花日用瓷,远销东南亚一带;造船、矿冶等行业也相当兴旺。清代的潮商更是活跃于国内外市场。

赣南与闽西、粤东、粤北邻接,地形以丘陵山地为主,是典型的山区。明初时"地旷人稀",明代《东里志》载:"赣为郡,居江右上游,所治十邑皆僻远,民少而散处山溪间,或数十里不见民居。"明末清初,社会动乱加剧,赣南民众大批外流;顺治年间的动乱,更使赣南一度极为萧条,所谓"赣南自围困以来,广逆叠犯……死亡过半,赤地千里"。为此,朝廷和地方官府采取招民开垦之措,让更多的民众到赣南开发垦荒。特别是到了清代,以闽西和粤东各地为绝对主体的邻省民众,持续不断地进入赣南山区,掀起了赣南历史上规模最大和范围最广的移垦高潮,至清中晚期变得人烟稠密,户口日盛,出现了无地不垦、无山不种的景象,山区生态面貌大为改观。清道光《于都县志·艺文志》载:"于(都)本山县,田多荆榛,初,居民甚稀,常招闽广人来耕,其党日多。"来到赣南的闽西和粤东各地民众租赁原住民的土地或山场,从事蓝靛、苎麻、油茶、糖蔗、烟草等各种经济作物的种植与加工。赣南一改明初时的荒凉景象,如道光《宁都直隶州志·田赋志》载,宁都州"国家承平百年,休养生息。四关居民数万户,丁口十万计"。大规模的流民成为明清时期赣南山区的开发主体。随着人口的增长、经济作物的种植、商品经济的发展,建立的村落增多,他们与邻近的福建、广东等地区的交流不断,这也促进了以土为主要建筑材料的围屋在赣南地区的形成与发展。如始建于清嘉庆三年(1798年)的江西省龙南市关西

---

① 蔡立雄,《闽商发展史·龙岩卷》,厦门大学出版社,2016年。

新围,就是龙南关西人徐名钧做木材生意,成一方富豪后建起来的一座围屋。

在经济与人口双重发展的背景下,为了居住安全和维护家族的共同利益,抵御外来侵袭,人们便建造大规模的土楼,让众多的宗亲,几十人甚至几百人,聚族而居,以适应家族的兴旺。所以明清以来,闽粤赣三角地带出现了许多方形、圆形和府第式土楼以及土围屋。以福建省南靖县为例:16世纪,南靖县书洋、梅林、南坑、奎洋、和溪等乡镇共兴建大型方形、圆形土楼58座;17世纪,书洋、梅林、南坑、奎洋、金山、龙山、和溪等乡镇,又相继兴建大型方形、圆形土楼72座;18世纪,南靖县兴建的土楼超过1 000座;19—20世纪,全县兴建大型方形、圆形土楼364座。这些土木建筑形式趋于考究,功能更加多样化,并且出现了大量以土楼建筑为主体的村落,形成了广阔连片的土楼住宅区。

南靖县书洋镇石桥村处在清流如带、十分静谧的高山溪谷畔,明代初期先民到此开垦后,就利用河谷形成的大片肥田沃地种植水稻、马铃薯、番薯,在山坡上种植染料作物蓝靛、红花、紫草,以及烟叶等价值高或紧俏的经济作物。清朝中期,他们把山上的松木、杉木、樟木、竹材贩运到厦门、漳州出洋。与外界的接触,更使他们萌发了商品经济意识。他们在村里的河段上建造了10多座造纸作坊,并建起了多家机织本色洋布漂染加工作坊和布店。经济发展了,日子过得盈实了,他们便开始营造土楼家园。在500多年的漫长历史长河中,共建造了20多座土楼,成为闽西南一个典型的土楼村落(图1-12)。

图1-12 南靖县石桥村土楼

此外,闽粤赣山区处在群山环抱中,有限的土地资源和不断拓殖的人口发展,给人们的生存带来了许多困难。为了谋求更大的发展空间,许多人从明末清初开始,便跨出家门,下南洋谋生;清朝末年达到高潮。到1905年,海外华侨总数已达700万人。因闽、粤两省海岸曲折,人民与海相习,所以在下南洋的人中,福建、广东人占95%以上。他们在侨居国历尽艰辛,艰苦创业,许多人成了当地社会贤达、殷商巨富。发迹后,他们秉承中华民族传统,许多人回乡捐资建楼。如华安县湖林乡石井村陈兴盒,早年漂洋过海到印度尼西亚,艰辛创业,生意越做越兴隆,直至万贯家财,后来回乡在村里的虎形山上建造了方形的遐福楼。南靖县的怀远楼是旅居缅甸的华侨简新盛、简新嵩兄弟两人出资兴建的,永定区的侨福楼也是华侨出资兴建的。

第四节
自然环境为土楼的建造
创造了条件

    土楼的营造与当地的气候、地形地貌、河流、土壤、植被等自然环境息息相关。

    客家土楼主要分布的地域处于中亚热带向南亚热带过渡地段,属亚热带海洋性季风气候,全年气候温和,无霜期长,雨量充沛。其中,漳州市年平均温度21℃,无霜期超330天,年日照2 000～2 300小时,年降水量1 000～1 700毫米,雨季集中在3—6月,年平均风力2级;龙岩市年平均气温18.7～21.0℃,年降水量1 031～1 369毫米,年日照1 804～2 060小时。典型的亚热带气候,"是形成土楼开敞式厅廊的重要原因"①。

福建省西南部的玳瑁山和博平岭是两支重要山脉。玳瑁山山脉位于福建省西部，永定山脉属于博平岭山脉和玳瑁山支脉。博平岭山脉从福建龙岩适中向永定区坎市镇入境后，自东北向南伸展，至抚市镇分成两支：主脉沿边界南下，向古竹乡、湖坑镇、大溪乡、下洋镇、湖山乡等伸展，构成仙洞山系，为永定区与南靖、平和两县的天然界山，也是金丰溪与平和县芦溪、南靖县梅林溪的分水岭；支脉向中南乡、陈东乡、岐岭镇、湖雷镇、城郊镇和凤城镇等地延伸，构成金丰大山山系，为永定河与金丰溪的分水岭。南靖县地处博平岭山脉的东南侧，博平岭山脉的三条支脉呈西北—东南走向，平行排列分布在南靖境内，与船场溪、龙山溪、永丰溪三大河流山谷相间。这些山脉的构成，使闽西南的地势东北高、西南低，从西北向东南谷地倾斜，地貌属典型的低山丘陵。赣南也以山地、丘陵、盆地为主。低山丘陵与盆地（图1-13）适合营造土楼。如南靖县峰谷交错、山河相间，形成了许多向南开口的马蹄形优良小环境，这种中低型山、丘陵、台地和河谷平原的地貌，为人们营造土楼提供了得天独厚的自然环境。

图1-13 低山丘陵与盆地

土楼区域河流纵横交错，如永定区境内流域面积100平方千米以上的河流有汀江、永定河、金丰溪、黄潭河等；南靖县境内大小河流共有72条，总长1 066千米，其中，集雨面积400平方千米以上的河流有船场溪、龙山溪、永丰溪3条，50平方千米以上400平方千米以下的有象溪、永溪、涵溪、山城溪等9条。广东省梅州境内主要河流有

① 黄汉民，《福建土楼》，《汉声》第65期，1994年。

韩江、梅江、汀江,还有琴江、五华河、宁江、程江、石窟河、梅潭河、松源河、丰良河等。发达的水系为从中原迁徙而来的先民"择水而居"(图1-14)注入了活力。

图1-14　土楼人"择水而居"

闽、粤、赣等地山区在亚热带气候和常绿阔叶林的作用下发育而成的土壤土质好、黏性大,是营造土楼夯土墙的最好原料。此外,土楼集中分布地区的地势主要地层为晚侏罗系南园组第二段、第三段火山岩地层,岩性主要为英安质凝灰熔岩、流纹岩、砂泥岩夹层。"丰富的花岗岩资源提供了建造土楼的充足石材。如沿海的土楼底层多用花岗岩条石砌筑,门窗框、台阶、铺地也多用花岗石。即使在山区,土楼大门的门框,有的也采用巨大的花岗岩条石。"①

土楼主要集中在闽、粤、赣等地山区地带,山峦耸峙,绿海无边,层林叠翠,具有典型的地带性森林植被——中亚热带常绿阔叶林,森林资源丰富。如永定区原生植被为亚热带常绿阔叶林,植被种类丰富,群落复杂多样,全区植物种类有166科、609属、1 096种;南靖县和溪镇还保留一片原始亚热带雨林,这片雨林是我国东南沿海唯一的原始植物群落。历史上,那一株株高大挺拔的杉木,为土楼的木结构提供了充足的原料。

① 黄汉民,《福建土楼》,《汉声》第65期,1994年。

第二章
客家土楼的现状与特点

第一节
客家土楼的数量与
主要地域分布

据考证,客家土楼尚存5 100多座,主要分布在博平岭南脉西、东两侧的闽西南和粤东北的几个县市,以及赣南部分地区,以闽西南交界处的客家语与闽南语系交界地区居多。

福建省永定区土楼最多,约有2 000座,主要分布在湖坑、下洋、高头、古竹、高陂、坎市、抚市、湖雷、岐岭等乡镇。龙岩市新罗区适中镇,是福建土楼里方形土楼最集中的区域之一,最盛期有360余座,现保存较为完好的土楼有228座。

福建省南靖县全境有土楼870多座(图2-1),主要分布在西北部

图2-1　数量众多的南靖土楼(张志坚)

的书洋、梅林、奎洋等乡镇(图2-2)。平和县西部的芦溪、九峰、霞寨、大溪、秀峰等乡镇现存土楼470多座。诏安县西北部的官陂、秀篆、霞葛、太平、红星等乡镇曾经有上千座土楼,由于年久失修及人为破坏,目前保存基本完好的有100多座。漳浦县的石榴、盘陀、旧镇、深土等乡镇有土楼130座。华安县的仙都、沙建、马坑等乡镇有土楼68座。此外,云霄县的和平、陈岱等乡镇,也存有土楼。

图2-2　南靖县书洋镇河坑土楼群(简喜梅)

　　福建省泉州市现有土楼100多座,大多建于明清时期,主要散落于安溪、永春、德化、南安等县市,形制以方形居多。

　　广东省与闽西南接壤的潮州市凤凰山区及其余脉地区,也有许多建筑形式独特的环形土楼(俗称"土楼寨")。其中,饶平县的上饶、饶洋、新丰、三饶、新圩等靠近闽西南地区的乡镇,就有土楼600多座;大埔县的桃源、光德、枫朗和潮安县的凤凰、赤凤、铁埔等乡镇,也有土楼分布。

　　赣南土围屋属于土楼系列,主要分布在江西省赣州市龙南市的龙南镇、定南县的历市镇、全南县的城厢镇、信丰县的嘉定镇、安远县的欣山镇、寻乌县的长宁镇等地,现尚存500多座。

　　圆楼、方楼、五凤楼是客家土楼的三种基本形式。圆楼主要分布在福建省永定区的湖坑、古竹、岐岭、大溪，南靖县的书洋、梅林、奎洋，平和县的坂仔、九峰、芦溪、霞寨等乡镇，其中，永定区有360多座，平和县有350多座，南靖县有230多座，诏安县有100多座，漳浦县有58座，华安县有21座，云霄、安溪、南安及粤东饶平、梅县、大埔等县也有圆楼。方楼在3类土楼中数量最多，主要分布在永定区的高陂、坎市、抚市、湖雷、古竹、岐岭、大溪、湖坑、下洋等乡镇，龙岩市的适中镇，南靖县的书洋、梅林等乡镇，其中，永定区有1 600多座，南靖县有490多座。五凤楼主要分布在闽西的永定、上杭、武平、宁化等区县，粤东及赣南也有五凤楼。

第二节
客家土楼的形状类型

客家土楼从建筑平面形状上划分，有正方形、横长方形、"凹"字形、五角形、曲尺形、圆形、椭圆形、半月形等；从建筑造型上看，又有四方楼、长方楼、圆楼、椭圆楼、五凤楼、交椅楼、五角楼、半月楼等多种模式，从而构成了一个个奇妙而又神秘的土楼民居世界。

这些土楼与一般民居相比，最大的不同点在于它们完全脱离了以简单四合院为基本单元进行群体组合的布局手法，而是以一个集中、庞大的单体建筑形式出现，其外观宏伟，别开生面，是一种独特的建筑布局形式。这种形式不仅在闽粤赣民居中颇具特色，而且在世界上也十分罕见，堪称独一无二。

| 一、圆形土楼 |

在多姿多彩、令人眼花缭乱的土楼王国中，圆楼（图2-3）系列是最具代表性的，它独树一帜，自成体系，成为千古奇观。

图2-3　永定区初溪村圆形土楼

有人说，圆楼是一个句号，却引出无数的惊叹号和问号；也有人说，走进圆楼就仿佛走进时光的隧道，可见圆楼给人留下的想象空间是巨大的。

《周易》认为："蓍之德，圆而神。"早在远古时期，先民就把圆形当天体、生殖之神来崇拜。因此，在距今几十万年前的旧石器时代，我国就出现了圆形的"古营地"。原福建省建筑设计院院长、高级建筑师、土楼研究专家黄汉民先生认为：历史上圆形建筑并不少见，古罗马斗兽场是圆形的，北京天坛是圆形的……但完全圆形的住宅楼则绝无仅有。

闽西南及赣南、粤东北山区为何会出现圆楼？这与当地的历史地理、传统文化、宗教信仰及民间风俗等社会背景有着千丝万缕的联系。

一是当地民众崇尚"圆"。古时闽西南有许多圆穴岩画，千百年来,人们热爱"圆"、喜欢"圆",并把它作为族群的图腾意识。唐代以来,民众更把圆形当作幸福、美满的象征。

二是受地理环境的影响。黄汉民先生认为:闽西一带山区属于博平岭的东西坡,找不到开阔的平地……人们在陡峭的山地,开发出层层梯田已经不易,在河谷山坡中整出的平地上建房,只有尽可能地减少占地,增加层数,才能同时满足聚居与防卫两个要求。

三是受土堡、土寨的影响。血雨腥风的年代,世事变幻莫测的局势,促使人们大量建造易守难攻的圆形城堡。所以闽西南及赣南、粤东北地区圆形土楼脱胎于土堡、土寨,建造圆形土楼的灵感来自于古时的兵防土城、土寨。

四是圆楼比方楼具有明显的优势。人们在长期的实践中得出了这样一个结论:无论是采光通风、避煞功能、抗震能力,还是占地空间、材料节省和房室分配等方面,圆形土楼都优于方形土楼。黄汉民在《福建圆楼的根在漳州》一文中阐述了圆楼与方楼的比较具有八大优点:①方楼四个角房间通风采光差,紧临楼梯的房间受干扰大,因此最不受欢迎,圆楼却没有转角房间;②与方楼相比,圆楼的房间朝向好坏差别不明显,房屋大小绝对均等,更有利于家族内部分配;③相同周长围合出的圆形面积约是方形面积的1.273倍,可见,用同样多的建筑材料,采用圆楼可以得到更大的内院空间;④圆楼外圈夯土墙承重,内部才是木结构,圆楼扇形的房间比方楼矩形房间更省木材;⑤圆楼木构件尺寸更标准统一,因此更便于建造;⑥圆楼的屋顶比方楼的屋顶更加简单,施工相对简便;⑦按风水说,圆楼能避"煞气",科学的说法可以理解为圆楼对风的阻力比方楼要小,更有利于把邪气挡在楼外,便于营造楼内舒适的小气候;⑧从力学的角度看,圆楼的外墙更有利于传递地震产生的水平力,因此圆楼比方楼有更好的抗震性能。[①]

平和县厥宁楼的对联"团圆宝寨台星护,轩豁鸿门福祉临",就是

---

① 黄汉民,《福建圆楼的根在漳州》,2016年第4期。

先民喜欢圆寨的真实写照。现在闽西南及粤赣广袤的大地上，仍分布着上千座圆形土楼。这些高高耸立的圆形土楼是汉文明南下播衍传承的结果，也是闽西南及赣南、粤东北地区先民适应当地险恶环境的映照。

圆圆的土楼，圆圆的天。追求天、地、人三者合一，是圆形土楼的意象所在。自古以来，先民就把"天人合一""天人同德"的古典哲学运用在土楼整体结构上，圆形土楼内院房间大小均等，没有主次之分，几百人在楼内聚居，充满生活气息。这种平分空间的建筑格局体现了先民追求平等、渴望团结互助的文化理念。

圆形土楼多数为一环建筑，少数为二环。二环以上的多环同心圆楼，外高内低，楼内有楼，环环相套。一般外圈墙用土夯筑墙承重，内圈墙和隔间墙或以薄夯筑墙，或以土砖墙承重，其余均为木构架。一座圆楼一般设1个大门，大型的加设2～4个侧门，均分布在对称线上。楼内增加内向悬挑，形成向内拉力，使圆楼整体性大大增加。外圈一层、二层不向外开窗。

1.实例之一:振成楼

振成楼(图2-4)坐落在福建省永定区湖坑镇洪坑村,以富丽堂皇、

图2-4　振成楼

内部空间设计精致多变而著称,被称为"土楼王子"。

振成楼建于1912年,占地面积约5 000平方米。楼高4层,19米,直径51米,内通廊式,分内、外两圈,属于悬山顶抬梁式构架。楼外左右有对称的半月形馆相辅,形成楼中有楼、楼外有楼(图2-5)的格局。底层墙厚1.35米。楼的外圈4层,每层48间,分为8卦,每卦6间,一梯楼为一单元(图2-6至图2-8)。卦与卦之间筑有防火墙,以拱门相通。外环共有4道楼梯,东、西两侧分别开一双扇边门出

图2-5　振成楼内院

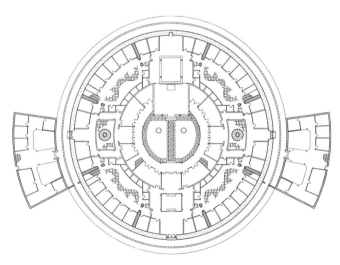

图2-6　振成楼一层平面图(摘自国家文物局福建土楼"世遗"申报文本《福建土楼》)

图2-7 振成楼立面图(摘自国家文物局福建土楼"世遗"申报文本《福建土楼》)

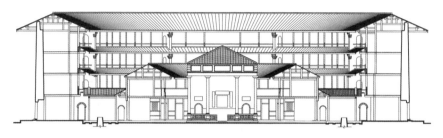

图2-8 振成楼剖面图(摘自国家文物局福建土楼"世遗"申报文本《福建土楼》)

入,两门对称,可直通楼外东、西两边的耳房。楼大门、门厅位于中轴线上,门楣镌刻楼名。祖堂为一舞台,台前立有4根周长近2米、高近7米的大石柱,石柱上刻有永久性楹联。舞台两侧上、下两层30个房间圈成内圈。底层的内通廊以三合土铺面;二层以上每层楼以青砖铺地板,有隔音、防火功能。二层廊道为精致的铁铸栏杆,三层、四层内通廊屋檐下设精美园林风格的木质靠背栏杆。楼中楼是二层砖木结构的建筑,内有石雕柱脚、木刻门面,有琉璃瓦当和窗户;二楼走廊用铸铁铸成以梅、兰、菊、竹为图案的栏杆,紧连全楼的中心大厅。大厅壮丽堂皇,天井中有两个小型的花圃。

振成楼的局部建筑风格及大门、内墙、祖堂、花墙等所用的颜色,大胆采用了西方建筑美学所强调的"多样统一"原则,达到了极高的审美境界,堪称中西合璧的生土民居建筑杰作。1985年,振成楼与北京天坛的建筑模型分别作为中国南北圆形建筑典型参加了在美国洛杉矶举办的世界建筑展览会,以其独特的风格和别具一格的造型,引起世界关注,被认为是"客家人聪明智慧的结晶"。2008年,振成楼被列入世界文化遗产名录。

2.实例之二:承启楼

承启楼(图2-9)坐落在福建省永定区高北村"金山古寨"南麓,是客家土楼的杰出代表。"高四层,楼四圈,上上下下四百间;圆中圆,圈套圈,历经沧桑三百年",这首民谣形象地概括了承启楼的恢宏与壮美。

图2-9　承启楼

承启楼从明崇祯年间(1628—1644年)破土奠基,至清康熙四十八年(1709年)竣工,历经三代人才建成。楼直径73米,占地面积5 376平方米,有400个房间,由4圈同心环形(图2-10)建筑组成,每层内部空间为抬梁式木构架。第一环底层墙厚1.5米,高4层,每层72个房间,屋檐以青瓦盖面,正面、南面开一大门,正面大门门楣上镌刻楼名。第二环高2层,每层40个房间。第三环为平房,古代楼主虽崇文重教,却不让女孩到楼外的学堂与男孩一起读书,故在此办私塾,作为女子的书房。第二环与第三环之间的东面和西南面

图2-10　承启楼俯视(冯木波)

的天井各有一口水井,俗称"阴阳井",大小、深浅、水温、水质各不相同。第四环为单层的祖堂,后向的厅堂与正面两侧的弧形回廊围合成单层圆形屋,中间为天井。环与环之间以石砌廊道或小道相连,且沿着屋檐的走廊并经过主通道才能到达每一环或楼门、边门,好似迷宫,易进难出。祖堂雕梁画栋,门面两侧饰以绘画和精美的砖雕;厅堂东西两侧各设一小门,与全楼东西走向的通道及外环东西两面的边门相连。这座土楼平面按《周易》八卦布局,外环卦与卦之间的分界线最为明显,底层的内通廊以开有拱门的青砖墙相隔,造型精巧,古色古香。

承启楼以其高大、厚重、粗犷、雄伟的建筑风格和庭园院落造型艺术,融入如诗的山乡神韵,让人感慨万千。1981年,承启楼被编入《中国名胜词典》;1986年,邮电部发行了一组中国民居系列的邮票,其中"福建民居"采用的就是承启楼的图形。2008年,承启楼被列入世界文化遗产名录。

3.实例之三:怀远楼

怀远楼(图2-11、图2-12)坐落在福建省南靖县梅林镇坎下村,是一座建筑工艺最精美、保护最完好的双环圆形土楼。

图2-11　怀远楼

图2-12　怀远楼内院

怀远楼始建于清光绪三十一年(1905年),建成于宣统元年(1909年),楼高4层,13.5米,楼基用巨型鹅卵石和三合土垒筑3米多高,其墙基与墙体是目前客家土楼中最高夯土技艺的代表作之一,可作为古夯土技术研究的标准实物。楼直径42米,内通廊式,每层34间,共136间(图2-13、图2-14)。4部楼梯均匀分布。楼内排水系统是众多土楼中最讲究的,从楼中楼到大门共设计3个水道,每个水道安放3口水缸,楼内污水中的泥沙可以沉在水缸里,以便清理。屋檐下悬建有4个楼斗(即瞭望台)。

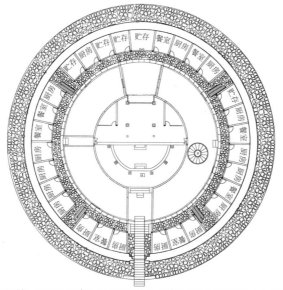

图2-13　怀远楼一层平面图(摘自国家文物局福建土楼"世遗"申报文本《福建土楼》)

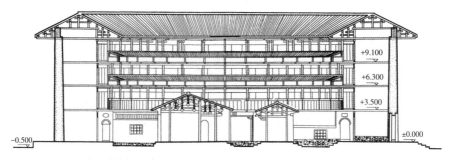

图2-14　怀远楼剖面图(摘自国家文物局福建土楼"世遗"申报文本《福建土楼》)

怀远楼最引人注目之处,是天井核心位置的祖堂,也曾是家族子弟读书的私塾——斯是室。它是极其精巧秀气的"四架三间"上下堂五凤楼建筑,室内雕梁画栋、古色古香。斯是室正堂两边屋架斗拱上别出心裁地装饰着木刻书卷式饰物,镌篆书镏金对联"月过花移影,风来竹弄声"和"琴书千古意,花木四时春"。正堂悬挂的横匾上刻着苍劲有力的"斯是室"三个大字,让人感受到古雅的书香气息。

这座精美的土楼充分利用大型鹅卵石和夯土两种材料的不同特性,采用成熟的"倾壁造"技术营建,是中原版筑技术经过几千年积累提高的结晶;楼内的楹联诗对、雕梁画栋诠释了"忠孝为本、耕读传家"的思想,是闽西南建筑风格与中国儒家文化完美结合的杰出典范。2008年,怀远楼被列入世界文化遗产名录。

4.实例之四:裕昌楼

裕昌楼(图2-15)坐落在福建省南靖县书洋镇下版村,坐西朝东。楼前的山涧溪水快活地流淌,溪边用卵石砌起的高坎上布满青苔和杂草;而土楼的外墙遍体斑驳龟裂,看上去像一个满脸皱纹的老人。

图2-15　裕昌楼

裕昌楼建于元末明初(约1368年),距今已有600多年的历史。占地面积2 289平方米,建筑面积6 358平方米,楼高18.4米,直径54米,设一个大门,门顶设有3孔防火灌水道。第一层墙厚1.8米,往上逐层减缩10厘米,最顶层也不少于90厘米。原由刘、罗、张、唐、范五姓族人共同修建,故而建造时把整座楼划分为间数不等的5卦,大卦每层12间,小卦每层9间,每卦设一部楼梯,每个家族各居一卦。该楼为5层结构,每层有54间大小相同的斧状房间,整座楼共有房间270间。外墙设有5个瞭望台,形成五行造型。五姓人家、五层结构、五个单元、五部梯道、五行排列,体现了土楼子民希望五谷丰登、五福临门的美好愿望。

裕昌楼底层为灶间,家家灶间都有一口深1米、宽0.5米的水井,井水清澈甘甜。

从外观看,裕昌楼像一个紧密团结的大圆体。而楼内又建有圆形的祖堂,使其形成"两环环楼"。祖堂有3个门,正门是喜门,左门是生门,右门是死门,从这三门出入有严格的规定:凡办喜事或求神、拜菩萨从喜门进出;凡要祈求小孩平安长大,有所作为,从生门进出;凡办丧事则从死门进出。楼中楼的中堂前,原用五彩鹅卵石铺出等分五格的大圆圈,以五种图案代表"五行",即"△"为金、"+"为木、"≈"为水、"M"为火、"∧"为土(因年代久远,这些图案已不存在)。楼内三层以上的梁、楹、柱都从左向右倾斜,最大的倾斜度达到15%,因此裕昌楼也被称为"东歪西斜楼"(图2-16)。

这座土楼原建7层,当时建到第七层,桷枋已钉上,

图2-16 裕昌楼木柱

开始盖瓦片,很快便可出水完工时,一群外乡人到楼后山间扫墓祭祖,因燃放火铳、燃烧纸钱,不小心引起火灾,烧掉了7楼顶的椽枋和枋木梁柱,已盖上的瓦片全塌落破碎。后来楼主嫌7楼晦气,干脆连6楼一起拆除,把7层改建为5层。裕昌楼经受了几百年风雨的侵蚀和无数次地震的考验,至今依然如故,成为古建民居的活标本。

5.实例之五:花萼楼

花萼楼(图2-17、图2-18)坐落在广东省大埔县大东镇联丰村,建于明万历三十六年(1608年),占地面积2 300平方米,建筑面积2 286平方米,楼高11.9米,是广东土楼中规模最大、设计最精美、保存最完整的民居古建筑。

图2-17　花萼楼(熊浩丰)

图2-18　花萼楼内院(熊浩丰)

这座圆形的土楼共有3环,外环主楼高3层,有120个房间;中环高2层,有60个房间;内环为平房,有30个房间,全楼共有210个房间。楼内设30个小单元式套房。楼的底层墙体宽2米,顶层宽1.3米。第一层不设窗,第二、第三层墙上设有内小外大呈三角的窗(又是枪眼),整座楼只有一个大门供出入,大门框用厚而宽的花岗岩石板组成,大门板钉上坚厚的铁皮,门顶设有蓄水池以防御火灾。楼内圆形天井面积283.4平方米,用大小不等的鹅卵石铺成,中心装饰着一个直径3米的古钱币图案,寄托人们祈求丰衣足食的心愿。天井一侧有口古井,用于防火和生活之用。沿着古井设有水槽,用于排除积水。排水槽与水井构成"9"字形图案,象征长长久久。

| 二、方形土楼 |

方形土楼俗称"四角楼",主要包括正方形和长方形两种,为规模巨大的四合院建筑模式。方楼的长度为20～50米,层数一般为3层以上,最高的6层。单幢的方楼,瓦屋顶等高,取四坡顶形式;也有的屋顶高低错落,前低后高,作九脊顶组合。远远望去,一座方形土楼就像一座巨大的城堡,给人以粗犷、雄伟、稳重的感觉。

方形土楼的主要特点:一是楼堂厢房布置在一条纵向轴线上,组成主次分明、对称严谨的庞大建筑群体。二是以厅堂为中心组织房间,厅堂在中轴线正中,开间最大;厅堂用作祖堂。三是用走廊贯穿全楼。内通廊式方楼二层以上用围绕内院开敞的走廊贯穿所有房间。四是方楼的房间、厅堂都呈长方形或正方形,与其他类型土楼相比,使用起来方便合理。五是所有门窗开向中心天井,也就是通风采光主要靠内院。六是公共楼梯分布在楼的四角。

闽西南大型方形土楼中,有的还在楼的内院建一层高的中堂作为厅堂,谓之"楼包厝",并在楼外建前院护厝,称"厝包楼",形成"楼包厝、厝包楼"的奇妙景观。

1.实例之一:和贵楼

和贵楼(图2-19)坐落在福建省南靖县梅林镇璞山村,建于清雍正十年(1732年),坐西朝东,背靠青山,正前方遥望笔架山,风光无限。

和贵楼占地面积1 547平方米,建筑面积3 574平方米,高5层(前

图2-19　和贵楼

楼高17.08米,后楼高17.95米)。楼面阔36.6米,进深28.6米。楼外墙用卵石砌就1米多高的墙脚,底层夯土墙厚1.34米,往上逐层收缩10厘米。整座土楼除外墙用夯土墙承重外,楼内全部用木构架承重。设一个大门,楼进门为门厅,每层24间房在其周边对称布置(图2-20),围成一个内院。四部楼梯分布于楼的四角。各层内侧设走马廊。楼底层房间用作厨房,对外不开窗;二层作谷仓,只开一条不足20厘米的通风小缝;三层至五层为卧室,窗洞宽50~60厘米,做成内大

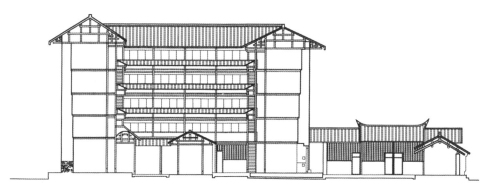

图2-20　和贵楼剖面图(摘自国家文物局福建土楼"世遗"申报文本《福建土楼》)

外小的"喇叭状";楼门顶部设有3个防火灌水道,具有防卫功能。

这座土楼与众不同之处在于瓦屋顶坡度平缓,出檐达3.3米,楼的外围后高前低,九脊顶随之高低错落,显得格外壮观。楼内院建有159.1平方米的"三间一堂"式私塾学堂,楼外建有15间平房护厝。楼的天井两边各有一口水井,虽相距8米,但水质截然不同,右边的井水清澈甘甜可饮用,左边的井水混浊不清供洗涮,被人们称为"阴阳井",让人感受到"上阳下阴,阴阳交汇,气聚丹田,否极泰来"的效果。这两口水井的水位均超过地面,但又不溢出井沿。

"陆上千年杉,水下万年松。"和贵楼建在3 000多平方米的沼泽地上,初建第一层时,因负荷过重而下沉倒塌;后用纵横交错的松木,在下沉的楼墙上打排桩,也就是用直径20厘米的松木220根打桩,才得以建起这座高楼。虽历经200多年,仍坚固稳定,巍然屹立。

和贵楼的建筑价值体现:它是运用悬浮原理,以松木为介质,采用桩基、筏基综合运用技术,在沼泽地上建起的高大方形土楼,整座土楼宛若陆上"挪亚方舟";土楼墙体高厚比200多年前就达到13:1,具有突出的建筑成就和极高的建筑技术研究价值。2008年,和贵楼被列入世界文化遗产名录。

2.实例之二:奎聚楼

奎聚楼(图2-21、图2-22)坐落在福建省永定区湖坑镇洪坑村,建成于清道光十四年(1834年)。坐北朝南,面阔33米,进深31米。采用穿斗、抬梁混合式木构架,前低后高,前半部分高3层,后半部分高4层,中轴线上自南向北依次为大门、门厅、天井、中厅、天井、大厅(祖堂前厅)、祖堂,两侧为横楼。前楼与后楼的屋顶皆分成3段,作断檐歇山顶。两侧横楼的前半部分与后半部分之间,从底层至第三层均以青砖砌筑的防火墙隔开,内通廊以砖砌拱门贯通。

奎聚楼祖堂位于后中轴线上,内院套一个由祖堂的前厅与中堂两

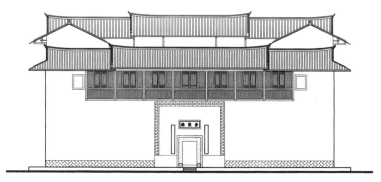

图2-21 奎聚楼立面图(摘自国家文物局福建土楼"世遗"申报文本《福建土楼》)

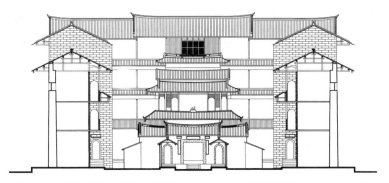

图2-22 奎聚楼剖面图(摘自国家文物局福建土楼"世遗"申报文本《福建土楼》)

边的回廊围合成的小合院,回廊均向中心的天井开敞。祖堂前厅砖木结构,高2层,楼阁式建筑,雕梁画栋;而二层的棚厅为"敦礼堂",装饰华丽;后楼第四层的腰檐中段突出一段小屋顶,使祖堂前向形成4层重叠的屋檐,层次分明,整座楼雄伟壮观,远看颇有布达拉宫般的气势。

楼的中堂位于祖堂前向、楼门厅之后,单层,雕饰精美,典雅堂皇。楼门为青石门框,门楣镌刻楼名。外大门位于西南面,与围墙相连,与该楼中轴线构成45°角,装饰考究。

2008年,奎聚楼作为洪坑土楼群的组成部分被列入世界文化遗产名录。

3.实例之三:遗经楼

遗经楼(图2-23)坐落在福建省永定区高陂镇上洋村,始建于清嘉庆八年(1803年),清咸丰元年(1851年)完工。坐西南朝东北,外墙东西宽136米,南北长76米,占地面积10 336平方米。其后座主楼高5层、17米。全楼共有房间267间,51个大小厅堂,是永定区现有土楼民居中最高的。

图2-23 遗经楼(林增新)

遗经楼主楼左右两端分别垂直连着一座4层的楼房,并与主楼平行的4层前楼紧紧相接,围成一个巨大的方楼,如此环绕形成一个大"口"字。里面又有一组小"口"字形建筑,形成一个门中有门、楼中有楼、重重叠叠的独特的"回"字形整体造型。主楼承重墙地基深2米,宽1.2米,用巨型溪石砌成。石脚高出地面1米,石脚以上2米处用石灰、鹅卵石、细沙夯筑而成;离地面3米以上,则由黄土、竹条夯筑。主体墙面由石灰浆配上麻丝粉刷而成,拉力强、韧度大;大门顶上装有水塔,若遇火攻楼门,可从水塔放水。前楼一左一右建有文、武两座私塾学堂,供楼内子孙读书、习武之用。学堂中间为石坪,前建有大门楼,大门高6米、宽4米。主楼后面有花园、鱼塘及碓房、牛舍等附设建筑。

三、五凤楼

五凤楼象征着东、南、西、北、中五个方位,故称为"五凤楼"。据《新唐书》记载,唐代就有五凤楼。其特征是屋顶轮廓线不是直线,而是像鸟翼般展开的曲线,建筑学上通称为"翼角"。

五凤楼也叫府第式土楼,主要为"三堂二落"式,其构造特点是以"三堂"为中轴核心,以"四架三间"为基本元素,即全宅在明确的中轴线上,左右完全对称。门楼为长厅,又称"前堂"。中间设中堂(大厅),中堂高大宽敞,装潢考究,配以楹联、牌匾,中间是祖宗的神龛,家族聚会议事、婚丧大事和公共活动都在中堂。中堂后面有座不是一样高的后堂,是一座三四层高的土楼,两侧横屋则后高前低。"三堂"用厢房或走廊连成一体,"三堂"之间以天井相隔成"日"字形。"三堂"两边是"二落",有平衡对称之厢房,与中间"三堂"串联而成,形成三个层次,前低后高,层次分明。主楼、配楼均以夯筑土墙承重,后堂主楼大出檐,盖小青瓦汉代九脊屋顶,屋脊飞檐多为5层叠。这种布局严谨的造型结构,外形蔚为壮观。

五凤楼很多都坐落在山坡上,一般大门外有院落,通常对着河流而建。

五凤楼是介于方形、圆形土楼和传统合院式住宅之间的一种民居建筑形式,这种建筑形式是儒家的人伦审美精神的具体化和典型化,它的物质空间和精神空间严格按伦理等级和传统观念进行营造。其独特的造型,值得人们深入考究。

1.实例之一:福裕楼

福裕楼(图2-24)坐落在福建省永定区湖坑镇洪坑村,建于清光绪

六年(1880年),坐西朝东,占地面积约4 000平方米,"三堂四落"府第
式建筑。面阔45米,进深37米,全楼共有166个房间、22个厅堂、28道
楼梯、6个天井、2个侧门(图2-25)、2口水井、6个浴室。

图2-24　福裕楼　　　　　　　　　　　　　图2-25　福裕楼侧门

　　福裕楼的结构特点:在主楼的中轴线上前低后高,两座横屋,高低
有序,主次分明(图2-26、图2-27)。主体建筑即前、后楼和两侧横楼,
均比普通的五凤楼高1层,后楼比中堂高1个台阶,中楼比前楼高2个
台阶,前后楼为土木结构,与两侧横楼相连。与前后楼连接的两侧横

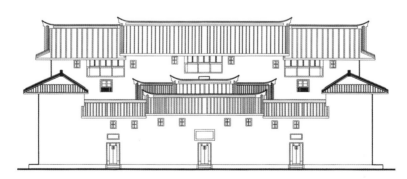

图2-26　福裕楼立面图(摘自国家文物局福建土楼"世遗"申报文本《福建土楼》)

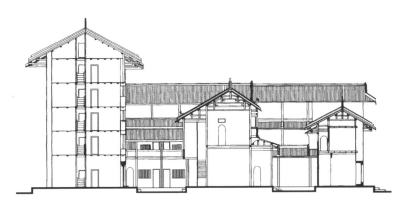

图2-27　福裕楼剖面图(摘自国家文物局福建土楼"世遗"申报文本《福建土楼》)

　　楼高2层,砖木结构,两楼对称,内通廊式,穿斗、抬梁混合式木构架。主体建筑纵向自西向东分为中间和南、北三部分,各部分的前楼分别设一门,中间为大门,两边为仪门。

　　福裕楼前堂、中堂为断檐悬山顶,后堂为断檐歇山顶,飞檐翘角。前、中、后堂屋顶由前往后层层升高,屋顶坡度比其他种类的土楼的屋顶坡度要大得多,显得气宇轩昂。楼门坪和围墙用当地河卵石铺砌,做工精细,与自然环境浑然一体。

2.实例之二:瑞兴楼

图2-28　瑞兴楼(张志坚)

　　瑞兴楼(图2-28)坐落在福建省南靖县和溪镇林坂村,建于清代康熙年间(1662—1722年),为一堂二横式版筑小五凤形土楼,大门上横额有"瑞兴棣萼"四个大字。

　　瑞兴楼石砌墙基高厚各1米,土墙厚0.5~

0.8米,均用白垩土揉拌夯成,质地黏韧坚固。主楼高3层、15米,每层4房1厅,共15间,为封闭式小五间结构。主楼底层中厅为后堂,后堂前方建有单层前堂,前堂与后堂通过内天井和过道连接。内天井、前堂两侧各纵建5间对称的内厢房,内厢房左右两端附建4间小厅,连接小厅两翼又各纵建6间对称的中厢房,内、中厢房之间形成狭长形天井,中厢房隔后庭又纵建5间外厢房,把主楼和后堂连为一体。

这座典型的小五凤楼建筑依中轴主楼、内天井、前堂、外天井,向两翼厢房对称展开,楼体前低后高,前、后围墙与外厢房互相连接,形成一座独立院落。院中有大厅2个、小厅4个、天井4个、巷道8条、水井1口。

四、其他变异形式的客家土楼

在客家土楼中,还有许多造型独特的圆形、方形变异体土楼,如交椅形、半月形、五角形、金字塔形、畚箕形等,这些土楼独具特色,构成了一道道亮丽的风景。

1.实例之一:长源楼(交椅形)

长源楼(图2-29)坐落在福建省南靖县书洋镇石桥村,建于清代雍正元年(1723年),因楼宅地不是一个平面,而像梯田那样有几个段差,以卵石砌起的墙基露出光灿灿的积石面,极富野陋古朴味。

图2-29　长源楼

这座土楼先是从河床起建一道长46米、高5.2米的卵石挡土墙,再用巨大的卵石填出大约长46米、宽14米的房基。楼体长36米、宽12米,正房与倒座房均为11间。内院围成一个窄长的天井。前排房子只有1层,左右两边稍高,像是座椅的扶手;后排为正房,高3层,像是座椅的靠背,因而又被人们称为"交椅楼"。

长源楼底层有祖堂、厨房、客厅,还有储藏间。底层的中心间为祖堂,向前凸出。二层、三层有外廊,正好朝向河流并行的西南方向。倒座房单层临溪,每间进深略小,且外向均开有木窗。登上三楼,凭窗远眺:远处群山像是绿色的屏风,围护着石桥村;近处溪流像是一条玉带,环绕着村庄,一座座土楼星罗棋布。

长源楼前低后高,顺乎自然;那高低错落的屋檐,变化丰富,既开敞又灵活,给人一种活泼明朗的生活气息,成为土楼建筑中的杰作,也是土楼与自然地理结合完美的杰作。

2.实例之二:京里楼(万字楼)

京里楼坐落在福建省漳浦县绥安镇京里村,建于明代万历年间(1573—1620年)。土楼的主体呈方形,作内、外两圈,内楼外墙无石砌地基,楼高3层,平面为前后各5开间,左右各3开间,之间留有通道,门和楼梯间设于东面明间。外墙的四角上,各建有一座与主楼联成一体的半圆形或3/4圆形的角楼,从平地上看,楼外形犹如欧洲古堡;从内部结构看,像佛教符号"卐"(在汉语中读作"万"),故当地人称之为"万字楼"。

这种万字形土楼单在漳浦县就有8座,其特点:平面大致呈方形,每一面的左角突出一个角,构成万字形的平面;角有半圆,也有1/4圆,使其成为客家土楼中特立独行的一种。

3.实例之三:石头贯楼(半月形)

石头贯楼(图2-30)坐落在福建省南靖县南坑镇村雅村,为二进建筑。前进为平房25间,后进为二层楼75间,共计100间,每个房间面积42平方米。正中间为大厅,大厅和两端的房间设公共梯道。大厅两边各以两间为一个居住单元,住一户人家。每个单元开一门一窗。前进屋用作客厅,后进屋用作卧室,中间天井一边为过道,一边为灶间,每户人家的卧室各开有小梯口,二楼的通廊与三道公共梯道相贯通。石头贯楼远望像一弯新月,近看又像一把大交椅。

图2-30 石头贯楼(张志坚)

4.实例之四:南薰楼(五角形)

南薰楼(图2-31)坐落在福建省南靖县书洋镇曲江村,为五角形土楼,建于清道光二十七年至三十年(1847—1850年)。坐北朝南,建筑面积1 758平方米,高3层、12.6米,面阔29米,进深30米,每层21间,共63间,设4部楼梯,1个大门。

图2-31 南薰楼(张志坚)

| 五、客家土围屋 |

客家"四州"为赣州、梅州、惠州、汀州。其中,江西省赣州被称为"客家摇篮";广东省梅州因其为客家人的最主要聚居区而被称为"世界客都",是客家人最大的聚居中心。散布在赣州、梅州一带的客家土围屋,是土楼的一种民居建筑形式。

客家土楼与客家围屋在本质上是一样的,都是古时候人们为了保障一个家族或村落成员的安全和其生活的稳定而建造的民居。土楼的外围绝大多数严格封闭,易守难攻;而围屋不一定严格封闭,有些只是房子呈方形或圆形修建,会留有较多、较大的出入口。因此,土楼的防御能力要比围屋强。早在唐宋时期,居住在赣州、梅州一带的客家人就开始建围屋,现存的围屋大多建于200年以前,主要分布在粤东、粤北、赣南等地。其规模宏大,平面布局严谨,且内涵丰富,形式多姿多彩,以围龙式围屋、城堡式围楼和四角楼最具地方特色。

客家土围屋采用中原传统建筑工艺中最先进的抬梁式与穿斗式相结合的技艺,选择丘陵地带或斜坡地段建造,外形大致分同心圆形、半圆形和方形三种,也有椭圆形的。主体结构为"一进三厅两厢一围",大门之内,分上、中、下三个大厅;左右分两厢或四厢,俗称"横屋",一直向后延伸;左右横屋的尽头,筑起围墙形的房屋,把正屋包围起来,小的十几间,大的二十几间,正中一间为"龙厅",故名"围龙屋"。建筑以南北子午线为中轴,东、西两边对称,前低后高,主次分明,坐落有序,布局规整,以屋前的池塘和正堂后的"围龙"组合成一个整体,里面以厅堂、天井为中心设立几十个或上百个生活单元,屋里有水井、畜圈、厕所、仓库等生活设施,形成一个自给自足、自得其乐的社会小群体。

圆形的围屋一般从一个圆心出发,依不同的半径,一层层向外展开,环环相套。最中心处为家族祠院,向外依次为祖堂、围廊,最外一环住人。最常见的围屋结构类型是内部有上、中、下三堂沿中心轴线纵深排列的"三堂制":下堂为出入口,放在最前边;中堂居于中心,是家族聚会、迎宾待客的地方;上堂居于最里边,是供奉祖先牌位的地方。

1.实例之一:关西新围

关西新围坐落于江西省龙南市城东约 15 千米处的关西圩旁,始建于清嘉庆三年(1798 年),是迄今为止国内发现的保存最为完整,结构、功能最为齐全的客家方形民居,是一处有代表性的赣南客家围屋。

关西新围主围占地面积约 8 000 平方米,为 3 层土木结构,每层有 79 个房间。整体结构像个巨大的"回"字,围屋的核心建筑是中间的"口"字部位的祠堂。围内主房结构是客家民居特色中的"三进六开"而形成九栋十八厅典型建筑,共有主房 124 间。"三进",即从大门进来为下厅,往上走依次为中厅、上厅,层层递进,层层增高;"六开"是以正厅为中轴线往左右均衡延伸,两边院落、房屋对称,门窗对称。而以中轴线往左右延伸的结构又使正厅成为整座围屋的核心,体现着一种极强的向心力和凝聚力。屋顶为硬山搁檩小青瓦两坡顶。围屋墙体用三合土夯筑而成,四角建有炮楼 4 座,墙上有许多炮孔和梅花枪眼,整个防御系统极为严密。与大宅配套的还有戏台、花园、书房、轿房等建筑,整座围屋结构严谨,布局巧妙,廊、墙、甬道连通,既复杂又序列分明。

这座土围屋不仅建筑本身构思巧妙,而且其绘画、雕饰也十分精美。正厅大门前有一对石狮,左边的公狮昂首张口、凶猛威武,右边的母狮雍容大度、端庄肃穆;大门框上有八卦中乾、坤两卦的圆柱形石雕,厅内大木柱下的石礅雕刻着各种各样的图案或文字。

2.实例之二:东升围

东升围坐落于广东省梅州兴宁市东风村,始建于南宋建炎元年(1127 年),建成于元至元十六年(1279 年),坐北朝南,是一座"三堂六横三围"的土围龙屋,也是兴宁境内最古老的客家围屋之一。围屋呈"回"字形,占地面积 30 391 平方米,屋内有 9 个天井,18 个厅堂,190 多个房间,当地人称之为"九井十八厅"。整座屋宇主体结构呈半圆形,规模较大,布局合理,前有禾坪、矮墙、半月形池塘,东侧有出入斗门,极具民族建筑特色。大门外有2根圆石柱支撑檐梁,有2个石鼓、2个石凳,上、中、下厅较为宽阔,上、中、下堂通面阔相等。厅内栋梁雕龙画凤,古朴典雅,充满客家韵味。透过近900年的历史云烟,东升围尽显沧桑的气息。

第三节
客家土楼的整体功能

一、聚族而居功能

英国著名汉学家李约瑟博士认为:"中国文明始终以农业为本。"中国的文明,农业在其中起着决定性作用。农耕文明的地域多样性、民族多元性、历史传承性和乡土民间性,不仅赋予中华文化重要特征,也是中华文化之所以绵延不断、长盛不衰的重要原因。

随着民族的融合特别是中原民众的南迁,先进的农业技术与理念传播到南方,促进了中国古代农业水平的提高。而聚族而居、精耕细作的农业文明孕育了内敛式自给自足的生活方式、文化传统、农政思想、乡村管理制度等。作为汉民族的一个独特支系,土楼先民主要是唐宋以来迁入闽粤赣三角地带的中原民众。他们移民到闽粤赣地区，也带来了中原先进的农耕文明，但因长期背井离乡、迁徙漂泊，加上语言、风俗的差异和利益矛盾，常与当地居民发生冲突。为了聚集力量、共御外敌，以便获得更好的生存空间，土楼先民更加依赖和重视血缘姓氏关系，更加强调宗族观念和家族观念。他们以自然村为域，用家族式的方式进行居住与耕作（图2-32）。这种家族式就是按照一定的规范，以血缘关系为纽带，结合成为一种特殊的社会组织形式。明万历《福安县志·风俗》有载："自唐宋以来，各矜门户，物业转属，而客姓不得杂居其乡。"说明当时各姓氏只能按严格的地域范围，聚族而居。

图2-32　南靖下版村土楼群（张志坚）

在中国农村，家族又称宗族、户族、房头，常常直接称之为族、宗；称家族成员为族人、宗人。聚族而居的家族制度为家族成员的生存提供了必要的条件，使家族成员以血缘关系团结在一起。以血缘的方式聚居，也是我国封建家族伦理制度的一个重要特征。因为中国是一个重视亲情、血缘伦理的国家，历来都重视家族血缘的传承和联系。而客家土楼不管是以群体的方式出现，还是单体的形状如何变化，都讲究姓氏血缘聚族而居。这种建筑形式与布局，体现了儒家文化"敬祖睦宗""尊礼重儒"的伦理观念。这是客家土楼区别于其他民居的一个特点。

以土楼群落构成的村庄(图2-33),基本上是一个村庄仅为一姓居民。各个族姓开拓一方,繁衍一方,独占一方。在土楼村落,由一家一姓定居衍派而成的血缘大家族自然村极为普遍。随着时间的推移,各家族不断发展壮大,形成"诸邑大姓,聚族而居"的宗族小社会。如永定区初溪土楼村落聚居的都是徐姓族人,洪坑土楼村落聚居的都是林姓族人,高北土楼村落聚居的都是江姓族人;南靖县塔下、石桥、河坑、南欧等土楼村落聚居的都是张姓族人,长教土楼村落聚居的都是简姓族人。这些传统村落完整地保留了原有的血缘关系,体现了宗族以血缘和地缘关系为纽带的特性,反映了强烈的家族伦理制度。

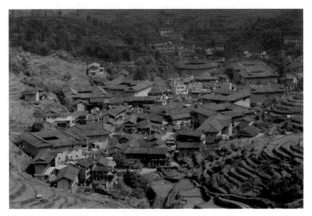

图2-33　南靖南欧土楼群(张志坚)

中国封建家族实行的是族长制统治,每个土楼聚居群落,均设有一个大族长;每一座土楼,均设有一个小族长。族长在一个族群中具有很大的宗法权力,宗族内部的管理和各项事务的主持一般都由族长担纲。每座土楼的营造,也是在族长的领导下完成的。此外,每个族群中还设有族规,族规内容包括祖训、祭祀祖宗的规矩,对胡作非为包括忤逆不孝者的惩罚措施,财产的管理、分配、使用规定,烝尝田、儒租田的设立与管理,对优秀学子的奖励,等等,并把族规、谱禁、宗规、祠规、家范、族约、族训、家训等条款写进其姓氏的族谱中,用于管理和规范该姓氏宗族之间的事宜。族谱记载家族的世系源流、血缘系统,以防血缘关系紊乱而导致家族瓦解；并用族谱记载家族历代的重大事件、与外界的纠纷，以及可嘉奖的人物传记、科举出仕、义行节烈等，借以凝聚宗族内部和家族内部的人心。

大到一个土楼群村落，小到一座土楼，都蕴含着土楼人同宗血缘凝聚力。他们按传统观念建造大房屋，让几十户人家生活在同一个屋檐下，围绕血缘核心长期相聚，百世永居。

一座土楼就是一个小社会，也是一个家族的凝聚中心。小型的土楼，高三四层，有百余间住房，可住三四十户人家，可容纳两三百人；而大型土楼高五六层，内有四五百间住房，可住七八百人。如永定区的承启楼拥有400个房间，最多时曾住过800多人；南靖县的顺裕楼共有368个房间，里面的天井大得就像足球场，父母、兄弟、叔侄、妯娌、婆媳等宗亲关系，居住在同一屋檐下，多代同堂，过着共门户、共厅堂、共楼梯、共庭院、共水井的和睦生活。

土楼不论是圆形还是方形，都有一个共同的特点，即全部采用标准间。一般按梁架分间，规格、大小相同，具有很强的统一性。这一点圆楼表现得尤为突出，它们围绕着内院，形成一个圈。不管几层楼，都采用上下垂直的分配形式，每一户占一开间，包括底层的厨房和以上各层。每座土楼的核心是中堂式祖堂。祖堂是土楼的"心脏"，是全楼人议事的地方。逢年过节，各家各户到这里祭祖。男儿娶亲，在这里拜天地，敬先祖；闺女出嫁，在这里向列祖辞别；老人过世，这里也是族人共同举哀发丧的灵堂。祖堂前的天井，是全楼人活动的场所（图2-34）；楼梯、廊道、禾坪以及谷砻、米碓、风柜等，都是全楼人共有的财产，与全楼人

图2-34　土楼人家聚会(张志坚)

的生活息息相关。土楼的布局与分配形式,不分尊卑,凝聚力强,让家族宗族祖祖辈辈聚族而居,在同一座土楼里朝夕相处,和衷共济,共同守望着日月风云。

图2-35　土楼集市(张志坚)

《土楼人家》这首歌唱道:"走进土楼这个家,大家里面有小家。爸爸的爸爸在这里出生,娃娃的娃娃在这里长大,同饮一口老井水,都在一个屋檐下,说什么人情冷和暖,在这里不分春秋冬夏……"楼内一户挨一户,门洞一个挨一个,不时可看到门口吃饭、井边洗衣、大人闲聊、小孩嬉戏的情景,让人触摸到他们纯朴生活的脉搏(图2-35)。这种聚族同楼而居的生活模式,典型地反映了人们的传统家族伦理和家族的亲和力。日本建筑学家茂木计一郎在考察土楼后感慨地说:"几世同堂的大家族制度在中国是自上而下就可见的习俗制度,但像客家人那样,至今保持了富于共同协作的家族观念的大家族制度,想来是非常罕见的。"因此,一部土楼史,便是一部乡村融洽和睦与平等团结的家族史,让人可以了解一个姓氏的来龙去脉、一个家族的发展变迁。

围合的土楼是氏族聚族共居习俗和团结同心传统精神的体现,凸显了楼内居民强烈的家族整体意识与近似原始、朴素的生活方式。高级建筑师黄浩在考察南靖土楼后认为:南靖土楼保存着以宗亲血缘为纽带的聚居方式,这在当今文明社会中我国传统民居乃至世界上都是极为罕见的,是古代氏族社会聚落残留的最后一点余光。

二、安全防御功能

　　中国古代的大部分建筑、大多数城池都是从军事防御的角度出发修建的,如住宅大墙、望楼、门楼瞭望孔、炮台、角楼等,都是军事防御性的设施。在中国各地的很多山上,大多数都建有山城、山寨城,乡村中建有村寨、乡村土围子。明清以来发展高峰迭起的土楼,就是其中一种防御性极强的民居建筑。

　　安全是人居需要的要素之一,而受防御意识深刻的影响,有时甚至是支配民居建筑的理念,人们创造了土楼这种厚墙高楼的民居。

　　土楼给人的第一印象是拥抱成团、"相依为命",以城堡的形式雄峙于人们的视野中。以闽西南的土楼为例,那里山高林密,西晋永嘉之乱、唐末兵燹,中原民众一次次告别家园,举族南迁,来到这个重峦叠嶂的山区。饱受战乱和颠沛流离之苦的人们,不仅要融入陌生的自然环境,而且要面对当地的原住民,因此常有"恨藏之不深,恨避之不远"之感,特别是明清时期,"外寇之出入,蟊贼之内讧",山区居民更是深受其害。福建省永定区的圆楼大多集中在东南部金丰河上游的古竹、湖坑、上洋、岐岭一带,那里地势险要,匪患不断,那些黄墙灰瓦的土楼早先的构造在很大意义上用于对土匪和当地排外原住民的防御。

　　而在福建沿海一带,从14世纪末后的260多年间,倭患、海盗猖狂,倭寇所到之处,极尽烧杀掠夺之能事。为防御倭寇践踏和海匪骚扰,沿海各地也大举兴建楼堡。当年林偕春在其著名的《兵防总论》中写道:"而埔尾独以蕞尔之土堡,抗方张之丑虏,贼虽屯聚近郊,迭攻累日,竟不能下而去。"说明当时民建的楼堡在抵御倭寇中发挥了很显著的作用。在内忧外患这种特殊、艰难的生存条件下,人们不仅创造了土楼这种聚族而居的居住方式,而且创造了土楼易守难攻这种独具特色的防御体系,用一座座防御性极强的土楼,保证一个个家族在那片土地上站稳脚跟。

路秉杰教授曾这样描述:"圆寨正如其名一样,具有明显的防御性质。'防御性'是他们生存中的第一要义。一切都必须从防御出发,否则就无法生存下去。"从考证中发现,每一座土楼,不管是墙体还是内部布局,都是一个自成体系的安防综合体,而且普遍选址于既能避开"四战"之地、都会所在,原住民势力相对弱小,又有樵采、耕植和水源之便的"深险平敞"之地。这些完备而精致的安防体系,无不让人拍案惊奇。

1. 坚固的墙基与封闭的外墙

土楼的墙基(图2-36)与外墙是安防体系中的第一道防线。土楼的外墙墙基,基槽通常在30厘米以上,最深的有1米多。墙基用大块的鹅卵石干砌或石灰浆砌至高过洪水位以上。垒筑叠砌时,他们创造性地运用了"内大外小"的石头垒筑法,即把鹅卵石较小的一头朝外,较大的一头朝内,交错砌筑,再以小块石填紧隙缝,并用三合土"勾缝",上面夯筑厚重的土墙,加上基础的宽厚,这样整个墙体基础就固若金

图2-36 土楼坚固的墙基(张志坚)

汤,要想从楼外撬开墙基卵石,几乎是不可能的。像福建省华安县大地村的二宜楼,埋入地下的部分长、宽都在3米以上,露出地面的墙脚就有2米高。福建省南靖县坎下村的怀远楼墙基用大鹅卵石和三合土垒筑3米多高,田中村的潭谷楼地面墙基就达1.9米,上双峰村的和安楼地面墙基达1.8米,大部分的土楼地面墙基都超过1.5米,因此异常牢固。

土楼不论其具体形制如何变化,都有一个共同特征,就是外墙均极其高大、厚重、坚固(图2-37)。外墙一般有十五六米高,有

图2-37 土楼封闭的外墙

的高20米以上。客家圆形土楼的代表之一、永定区的承启楼底层墙厚1.5米,高12.4米,墙下以2米见方的巨石作为基础。这种用特殊配方夯筑的土墙坚硬无比,即使用枪炮攻击,也岿然不动。还有的在夯土墙外再包一层砖墙,这种"金包银"的外墙更为坚固。同时,高3~5层的土楼,作为厨房用的底层和作为仓储用的二层不开窗,三层以上的卧室才开内大外小的小窗。加上一座围合型的土楼一般只留一个大门出入,大门一关,土楼外墙就极其封闭,防卫性能极好,常常令匪贼望而却步。

几百年来,土楼一次次用它那伟岸的身躯抵挡战火硝烟、枪林弹雨,保护着土楼里的人家。人们只要走进土楼人家,就可听到一个个关于土楼高墙"抵挡入侵"的故事。据载,清咸丰九年(1859年),太平天国石达开残部经过广东翁源县江尾镇的蒽茅围屋,因兵掠食,村民

用铳炮射杀太平军10多人。石达开残部团团围住八卦村展开攻击,围内300多名青壮年男子凭火铳、松鼠炮、长矛、大刀等抵抗,太平军久攻而不入。1936年,国民党军队围攻福建省云霄县和平乡聚星楼,用迫击炮连续轰了30多发,才打出3个小洞。1944年,国民党某团围剿退守在永定区湖坑镇奥杳村裕兴楼里的农民义军,数日无法攻破,挖墙未果,便动用平射炮轰击。哪知用19发炮弹对裕兴楼进行狂轰滥炸,只把土墙打出几个小洞,墙体岿然不动。第一次国内革命战争时期,军阀张贞的部队包围驻守在永定区遗经楼里的红军,把此楼包围了两个月,先后用炸药爆破3次,结果仅大门边崩塌一角,其余安然完好,楼内200多个居民照常生活,可见土楼的墙体是何等的坚固。

图2-38 土楼坚实的楼门

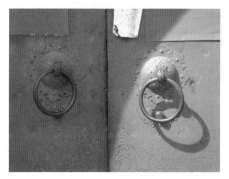

图2-39 楼门上的门环

2.坚实的楼门

土楼的外墙坚不可摧,能够攻击的目标一是窗洞,二是楼门(图2-38、图2-39)。土楼窗洞多开在三层以上,楼内居民防守时占了居高临下的优势,攻击者想架梯上墙从窗洞攻入楼内几乎不可能,唯一的可能就是土楼大门。楼门一破,一座土楼即告陷落,故而建造土楼时特别强调大门的防御要求。

土楼大门门框、门槛用石块或石

条砌成,并预留有门闩插孔。门板多用实心的木料拼接而成,木板厚约12厘米。门板后有横闩杆插入石门框中(图2-40),有的大门还有竖向的闩门杆。若遇攻击,只要将大门紧闭,加上门闩,就异常牢固。因此,对付这种实心木板门,唯一有效的办法就是火攻,即在大门前堆放柴草放火烧大门。为了应付火攻,许多土楼在建造时,都设计了防火灌水道(图2-41),即在门楣梁上设置水槽,并与二层楼上的储水箱或竹筒相连通。若遇外敌用火攻门,就从二楼往储水箱或竹筒灌水,水就会通过门顶的水槽或楣梁,均匀地沿木门外表流下,形成水幕,浇灭攻门之火。如南靖县坎下村的怀远楼、璞山村的和贵楼、双峰村的文苑楼、上双峰村的登峰楼、石桥村的顺裕楼等,均有灌水道。防火灌水道一般为三眼,也有四眼的。上双峰村建于明正统六年(1441年)的长方形土楼——和安楼就有四眼灌水道。永

图2-40　土楼门闩(林艺谋)

图2-41　土楼防火灌水道

定区上洋村的遗经楼、南靖县坎下村的怀远楼等土楼,还在门板外面铆上铁板,起到双重保护大门的作用,让来犯者望门兴叹,无可奈何。

3.用于抗御的枪眼和射击口

土楼不仅用高大厚实的土墙来做消极防卫,而且广设枪眼积极抗御,实现了消极防卫与积极抗御的有机结合。

土楼外墙最高层出挑通常设有多个瞭望台(图2-42),用于观察楼

图2-42　土楼瞭望台

外动向。瞭望台一般用青砖砌成，约1米高，也有用木板围栏的。上面配合特殊的布局广设枪眼，可以向各个方向射击，防止楼前出现"死角"。楼内的枪眼设计大多对准重要的路口，有的楼与楼之间，形成掎角之势，有利于防卫时相互照应。那一排排枪眼的设置，无不透露出土楼人强烈的防御意识，它们与厚实的土墙共同形成一道刀枪不入、水火难攻的铜墙铁壁。

在永定区下洋镇初溪土楼群中，建于永乐十七年（1419年）的集庆楼，是土楼群中年代最久远、结构最特殊的圆形土楼。这座土楼外环的第四层处，有9个突出的瞭望台，专门用以观察敌情和架设防守的土枪、土炮；大门上方的瞭望台可直接观察村口的动静。南靖县田中村的龙潭楼在四楼的四个边角外边各设一个楼斗哨台，内各安放一门火铳，以便瞭望与防御；顶层四角还备有不少石头，作为反击外敌的武器，若遇外侵，可从哨台向外投掷。南靖县坎下村的怀远楼，则在大门两旁的第四层外墙出挑建空中瞭望台，上面的枪眼可以向下射击，保卫大门和墙脚等处。此外，三层以上外墙开设的内大外小、呈喇叭状的窗口，也有利于对外射击。低层的窗口外高约20厘米、宽约6厘米，可控制一个小小的扇面，而且不易被楼外的敌人发现。高层的窗口开大些，人可以探出身子，用石块掷击敌人，迫使敌人不敢近楼。南靖县和溪村建于1916年的方形南河楼，不但在楼内设有10个射击口，而且有一条极为隐蔽的地道直通楼外，倘若遇到盗匪或外族入侵，既可攻击防守，又可从地道逃脱。华安县的二宜楼在外墙上密布56个箭洞，曾有土匪冲击二宜楼，从这些箭洞射出的箭令土匪狼狈不堪。漳浦县锦东村的锦江楼由3个环形土楼层层相套，外低内高，中环设有女儿墙,墙上设枪眼,墙内有跑道环绕屋顶一周,有利于枪击和救援。

4.秘密的地下逃生通道

许多土楼,为了便于生活和防御,设有秘密的逃生通道。永定区初溪土楼群里的集庆楼,早在600多年前建造的时候,楼主就在楼其中一个房间里设置了逃生通道:外面是一层比较薄的夯土墙,看起来跟整个外环的土墙没任何区别,却在里面挖了一个1米多见方的通道口,平时用木板遮盖住,只有族长等几位重要人物才知道这个秘密通道。

这个秘密通道只有在遇到万不得已需要紧急疏散的情况下才临时被捅开,让楼内居民穿过这个逃生通道,直奔后山丛林之中。华安县的二宜楼,在地下设有甬道,1934年,土匪曾围攻封锁二宜楼好几个月,楼内居民在弹尽粮绝之后就是利用这个地下秘密通道逃生的(图2-43)。有的土楼还利用内院的排水沟作为逃生的通道,如漳浦县赵家堡的完璧楼,在方楼内天井的一角修了一条高1.44米、宽0.6米的排水沟,直通堡外荒野,平时用作排水,战时可由此逃生或出入通风报信。

图2-43　二宜楼地下逃生通道(林艺谋)

5.设计合理的传声洞

在土楼中设置传声洞,既便于呼唤又利于防卫,这种细致而周到的人性化设计,令人叹为观止。因为厚厚的土墙,只要大门一关,想从外面对里面喊,楼内根本就听不到。因此许多土楼设有传声洞,战时深夜打探敌情归来的家兵,可以通过传声洞及时传递信息,避免因为等候开启大门而贻误战机。平时楼内居民夜晚归来,敲门家人听不

图2-44　二宜楼传声洞(林艺谋)

图2-45　土楼走马廊

见,只要对着洞口一喊,家人就会出来开门。华安县二宜楼传声洞(图2-44)设计独特,就是在每一个单元外围石砌的墙脚中都留有弯曲的传声筒,从室外连通底层的房间,外看只是个不起眼的小洞口,由于洞内空腔呈"S"形,从小洞口看不到室内,声音却可以传入,而用枪、用箭是打不进去的。

6.相互照应的走马廊

如果说那一堵堵充满"人若犯我,我必犯人"的高墙,那一个个永远醒着的枪眼,那一扇扇铁面无私的大门,共同构筑了刀枪不入、水火难攻的铜墙铁壁的话,那么土楼内间间相通的走马廊(图2-45),又凸现了土楼人相互照应的家族意识。大型土楼数百人聚族而居,遇有外侵,一呼百应。土楼内每层都有回廊连通各个房间,居民可以互相救援。南靖县塔下村的和兴楼内虽然用砖砌成4道防火隔墙,把楼分成4卦,各设门户,但在危急时,把门户打开,通廊连成一体,居民就可以互相照应,共同抵御外敌。云霄县溪口村有座建于明代的四角楼,迷宫似的顶楼上,所有房间都是相连通的,方便居民之间联络;楼梯上有一个盖板,若是山贼和盗寇入侵,居民就把盖板拴紧,以防止盗寇进一步入侵。

7. 充分保障的内部给养

内部给养是土楼安防的重要组成部分,只有具备充足的内部给养,土楼方能长期固守。这种给养保障包括几方面:一是用水保障。一般一座土楼内都开凿有一两口水井,有的大型土楼还凿有三四口水井。南靖县的裕昌楼,家家户户的厨房都凿有一口水井,井内水质好,水源足。若遇到被围攻,土楼人可以通过水井取水保障生活,也可取水用于灭火、防火等。二是物质保障。土楼一层是厨房,二层是粮仓,通常都贮藏一季甚至一年的稻谷及地瓜等食物,每家每户还自制有咸菜、菜干等,喂养有鸡、鸭、兔、狗等家禽家畜,有的连猪都圈养在楼内。三是设施保障。土楼内设有污水排放暗沟,有的还设有浴室、卫生间。楼内安装有谷砻、石舂、石磨等稻谷、杂粮加工、制作工具,并有大量的柴草。只要楼门一关,里面便是一个应有尽有的小天地,即使被外敌围困几个月,楼内居民仍然可以足不出户、照常有序地生活。广东省的道韵楼,相传在清朝顺治年间,曾被土匪包围3个月而未被攻破。土楼里的数百居民利用储粮和井水供自己饮食,利用土楼上面的内沟灌水阻挡住外面的火攻,因而逃过劫难。

土楼的这种安防体系,充分体现了先民对建筑、自然与生活等因素的重视,表明了传统民居建筑的空间特点与当时社会环境的密切联系,十分值得现代建筑借鉴。

三、防风抗震功能

土楼的造型特点,决定了其受风阻力小,阵风容易分流,特别是圆形土楼,其外形为弧形,风压力不大,因此具有较好的防风效果。

土楼坚固的性能,主要表现在三方面:一是形状结构。圆形的结构能较均匀地承受各种荷载，不存在受力不均的问题。二是厚实的土墙。土墙的质地好坏和工艺水平高低是一座土楼坚固与否的前提，土楼的土墙底部最厚，往上逐渐收缩，并在地基的转角结构上放置大型条石，形成极佳的预应力向心状态；同时，在夯墙时置入长竹片或杉木片作为墙筋，起到整体加固和牵引土墙的作用，即便因暂时受力过大而产生裂缝，整体结构也无危险。三是整座土楼的柱、梁、桁、桷等木构架形成巨大的牵制力，使土楼形成一个难以局部突破的严谨整体。这就是土楼在地震灾害中依然屹立不倒的原因。

闽西地处福建地震分布带上，处于太平洋板块地壳运动相对活跃的地带；气候上，夏秋季节受热带太平洋气团的影响，常会遭到地震、台风等自然灾害的侵袭。据《龙岩地区自然灾害》记载，清朝以来，永定发生过7次地震，每次地震土楼都有惊无险。如1918年2月13日，永定县发生了强烈地震，其境内的土楼却没有崩塌。环极楼附近田里的泥浆水喷起几丈高，楼顶的砖瓦几乎全部被震落了，余震数次，环极楼正门上方第三、第四层厚墙被震裂，裂口约深20厘米、长3米、宽30厘米，可是地震过后，由于圆楼的向心力和架构的牵引作用，裂缝竟奇迹般地慢慢合拢，仅留下一条细长的裂痕，整个楼体安然无恙、巍然屹立。

漳州地处东南沿海的地震带，据史料记载，自北宋英宗治平四年（1067年）以来，漳州地区就发生了三四十次地震，其中，明正统十年十一月十四日（1445年12月12日）发生里氏6.2级地震，日夜震9次，波及龙岩、长泰、南靖等县，山崩石坠，地裂泉涌；1918年2月13日发生里氏7.3级地震，这是漳州历史上最严重的地震。历次地震都有许多房屋倒塌，但土楼却安然无恙。南靖县的裕昌楼，三层以上的梁、楹、柱都从左向右倾斜，最大的倾斜度甚至达到15°，600多年来不知经历过多少次地震的考验，都没有坍塌。

"明代中晚期以来，漳浦地区经历了万历三十二年（1604年）、万历三十六年（1608年）、1919年等几次大地震，而现存于境内的，建于嘉靖三十七年（1558年）、嘉靖三十九年（1560年）、隆庆三年（1569年）和万历十三年（1585年）的一德楼、贻燕楼、庆云楼、晏海楼等墙体上几乎没有留下受地震影响的痕迹；只有建于万历二十八年（1600年）的完璧楼，于东北角的墙体上出现一条宽约0.1米的裂缝。"[1]

80多年前，广东省潮汕地区发生大地震，附近楼房倒塌无数；而建成于明万历十五年（1587年）的道韵楼，楼内仅有几间房屋的墙体出现倾斜及裂缝，可见其结构上的聚合力和生土的黏结力很强。

｜ 四、冬暖夏凉功能 ｜

土楼冬暖夏凉的原因大致有两方面：一是土楼都以夯土墙承重，外墙大多厚一两米，最厚有两米多，这种厚实的土墙不仅具有防卫功能，而且具有透气、保温、隔热的性能。冬天，土楼由于环周高墙的围合，就如同一个保暖瓶似的与外界气流绝缘，晚间土楼大门紧闭，冷风无法侵袭内部，因而土楼内部温暖舒适。夏天，厚厚的土墙能阻挡太阳暴晒，且散热速度快，加上土楼巨大的出檐和走马廊的遮挡，土楼内房间的日照时间减少，内院和房间就显得十分凉爽。春季，土墙能吸收空气中的水分，房间的湿度会降到最低。干燥的秋季，土墙又能自然释放水分，调节室内的湿度。土墙的这种性能给人营造了一个舒适的居住环境，十分有益于居民健康。二是土楼一般都是坐北朝南，这种建筑格局的优点明显。冬天北风不能穿门入室，偏南的阳光可照进住房；夏天烈日从屋顶正中而过，清风可从东南方向吹入房间。楼内众多的房间门窗，关起来可以保暖，打开可以通风散热。同时，土楼的大门一般是楼外与内院连通的唯一通道，大门便成了土楼的进风口，而门厅也成了土楼人夏日纳凉的好地方。

---

[1] 王文径,《城堡与土楼》,2003年。

第三章
客家土楼的选址布局与风水理念

在中国传统理念中,住宅以自然环境为核心,而自然环境是住宅时空的无限延续,所以人们所选择的宅舍地点是以大自然与建筑所交织的空间构图效果为准则的,它反映了中国先民朴实的环境观。

　　建造土楼利用环境,使村落、住宅与大自然相互协调,实际上是地理学、生态学、景观学、伦理学、美学,以及风水学等多学科在客家土楼中的交织运用,包含了先民对建筑环境的重视和关心,体现了社会生产和生活的客观需要。

第一节
群体土楼注重住宅与自然环境的协调

　　生龙活虎的山形水势能给人以精神慰藉,是人们安身立命的希望。饱受颠沛流离之苦的先民,决定在一个偏僻的山区定居,村址的选择至关重要。先民不断迁徙的过程,实际上也是一个不断择址的过程。依山而建,依水而居(图3-1)。山清水秀的山间盆地成了早期土

图3-1　秀美的自然环境

楼先民笃信的地利要素。

先民对土楼群落的选址、定位、规划和布局十分讲究。从美学的角度来看,客家土楼建筑群体以自然为蓝本,摄取了自然美的精华,又注入了文化人的审美情趣,创造出叠山理水的特殊技艺。它们与山水相连,所包含的情趣就是诗情画意。在聚落布局上,依山就势,负阴抱阳,背山面水,与大自然浑然一体,以良好的生态格局与优美的景观效果,形成土楼与山水的"最佳配置"。这些土楼由于地处山区,土楼与楼外的山峦、溪河、道路十分协调地融合交织在一起,组成了远近不同的层次。在土楼所处的环境层次中,以土楼为近景,而作为背景的山则充当中景或远景。周边的街巷、空地、汀步、台地、溪流等外部空间衬托着近景,其独特的画境美、意境美、雄浑美、气势美,在一定程度上体现了天道与人道、自然与人为的关系,与中国人"天人合一"、亲近自然的价值观和审美观有相吻合之处。

土楼建筑群是集中体现客家土楼传统建筑风貌和民间生活特色的群体,从其"周围的环境和民居间可以看到和谐协调,以及产生这种和谐的原理";从其"民居本身的空间构成,可看到秩序体系"[①]。这种与山川形势之间和谐统一的"秩序体系",蕴含着环境景观学、生态建筑学与风水的关系,给人一种朴实自然的亲切感和轻松活泼的跃动感。

进入土楼群落内部,人们可以看到楼房高低相间,此起彼落;村道回肠百转,曲径通幽,随便而自然中显得有条不紊。"一座座土楼的不同落点,将土楼村落绘成一幅色彩斑斓的图画,展现出远比城市整齐划一的建筑景观生动活泼得多的情景……就整个村落与周围山川形势的关系来说,因土楼多依山而建,屋顺地势有高低差,与自然融为一体。"[②]被列入世界文化遗产名录的永定区初溪土楼群、洪坑土楼群、高

---

① 茂木计一郎,《中国民居研究——关于客家的方形、环形土楼》,东京日本住宅建筑研究所,1989年。
② 林嘉书,《土楼与中国传统文化》,上海人民出版社,1995年。

北土楼群,南靖县田螺坑土楼群、河坑土楼群,华安县大地土楼群,都是与自然环境完美统一的代表。

一、初溪土楼群

初溪土楼群(图3-2、图3-3)位于永定区下洋镇初溪村,坐落在海拔400~500米的山坡上。14世纪时(元末明初),徐氏一世祖徐常萼因经常在此狩猎,看中此处,便选择在此开基建土楼。现有集庆楼、余庆楼、庚庆楼、善庆楼、福庆楼等5座圆形土楼和绳庆楼、华庆楼、锡庆楼、藩庆楼等10多座方形土楼。

这一土楼群整体坐南朝北,背靠海拔1 200米的高山,前面是一条自东向西横穿而过的小溪,水面距土楼群前向土楼的地面落差有20多米。两条山涧水分别自东而西、自南而北流入村内,汇合后从村中贯穿而过,注入小溪。小溪流水潺潺,清澈见底,怪石嶙峋,景色迷人。土楼群后向(南面)及两边有层层梯田延伸到山顶,蔚为壮观。

图3-2 初溪土楼群

该村北面山腰距小溪较近,所建的土楼规模较大,年代也久远,以后建造的土楼依山就势逐渐向南面扩展,海拔高度随之增加,民居建筑的平台越来越狭小,

图3-3 初溪土楼群一角

建筑规模也越来越小。土楼群里有3条以青石砌成、呈阶梯状的主干道,楼与楼之间也以青石板小道连接贯通。村的中心位置建有徐氏宗祠。

若站在北面山上的观景台眺望,整个土楼群给人以强烈的视觉冲击;若从高处往下看,土楼群星罗棋布在小溪旁、山坡上,土楼、小桥、流水与青山、梯田融为一体,让人领略到客家古村落的独特韵味。数百年来,徐氏族人在这个江水环绕、群山拥翠的"风水宝地"安居,仿佛翘望着一处世外桃源的梦想。

二、洪坑土楼群

洪坑土楼群(图3-4)位于永定区湖坑镇洪坑村,村东、西、北三面群山耸立,洪川溪自北而南蜿蜒曲折,贯穿全村,两岸地势狭长、平缓。宋末元初(13世纪),林钦德、林庆德兄弟从福建省上杭县白沙村到此开基。

明代,林氏家族建造了规模较大的峰盛楼、永源楼等土楼13座,清代建造了规模较大的福裕楼、奎聚楼、阳临楼、中柱楼等土楼33座,种类有圆形、方形、宫殿式、五凤式、府第式等。这些不同时代、形态各

图3-4　洪坑土楼群一角

异、规模不一的土楼以及林氏宗祠、寺庙、学堂等建筑,沿一条小溪而建,错落有致,布局合理,天然镶嵌于梯田山谷间,弯曲于溪岸上,与青山绿水、田园小桥完美结合,融为一体,仿若旋律优美的田园牧歌,为中国传统的生土民居建筑艺术和传统文化提供了特殊的见证。

从高处看,宫殿式结构的方形大土楼奎聚楼,楼宇与背后的山脊连成一体,如猛虎下山,奎聚楼即是"虎头";楼前围墙上有两窗,似虎眼。洪坑村被称为"福建最美丽的乡村",一座浓缩着永定客家土楼的"博物馆"。

三、高北土楼群

高北土楼群位于永定区高头乡高北村,村庄背靠金山,林木葱茏,高头溪自西向东从土楼群前穿过,汇入永定三大河流之一的金丰溪。元代中期,江百八郎从福建省上杭县到此开基。

居住在这里的江氏祖先于明嘉靖年间(1522—1566 年)陆续建造土楼聚族而居,现存有承启楼、五云楼、世泽楼、永昌楼、远庆楼、庆裕楼、侨福楼等24座形态各异的土楼,这些土楼依山傍水,高低错落。土楼之间,以青石板路相通。

走近高北土楼群,就如同走进一个世外桃源、一个土楼王国。站在村后山的观景台眺望,承启楼、世泽楼和侨福楼一字排开,众土楼方圆结合,相映成趣,与大自然融为一体,构成了一道亮丽的风景线。承启楼坐落在高北村"金山古寨"南麓、"晚寺闻钟"庵前,前面是一片开阔的山村田野。登上承启楼,视野开阔,远山风竹寒松,烟雨空蒙,令人遐想;近处清溪岸畔,小桥流水,画面清新,田园风光,美不胜收。

这里的山光水色,田园诗画,生活情趣,无不让人领略到山乡之神韵。那一座座土楼拼凑成的一道道客家风景,散发出质朴和神秘的光芒。

| 四、田螺坑土楼群 |

　　田螺坑土楼群（图3-5）位于南靖县书洋镇上坂村，坐落在大湖崠山半坡上。元朝末年（14世纪），永定县奥杏村的黄贵希带着儿子翻山越岭来到这个莽莽密林间，看到这里依山傍水，景致极佳，就在这里搭盖草寮蜗居，以放养母鸭为生，繁衍传家。

　　黄氏族人于清康熙年间（1662—1722年）开始兴建土楼，现存有5座土楼，居中的为方形的步云楼，步云楼的四周有圆形的和昌楼、振昌楼、瑞云楼和椭圆形的文昌楼。

　　整个土楼群坐东北向西南，排列有序，组成绝妙景观。它依据《考工记图》中"明堂五室"进行布局，各座土楼之间采用2∶3、3∶5、5∶8的黄金分割比例，按照金、水、木、火、土五行相生次序分期建造，有方形、圆形、椭圆形等，涵盖了福建土楼的主要结构类型。

　　居高俯瞰，5座土楼在薄雾缭绕中、在青山映衬下，像从天而降的太空飞碟，又像梅花绽放，鲜艳夺目；若从下仰望，层层土墙与层层梯

图3-5　俯瞰田螺坑土楼群

75

田遥相呼应,一座座土楼像城堡、如宫殿,构成人文造艺与自然环境巧妙天成的绝景,给人以强烈的视觉冲击,令人叹为观止(图3-6)。它体现了"天人合一"的东方哲学理念与中国传统风水文化的完美结合,是土楼先民集体智慧的结晶,是福建客家土楼中组合完美、与环境协调的杰出典范,已成为福建客家土楼标志性建筑。

图3-6　仰望田螺坑土楼群

田螺坑土楼群这种美妙而又神奇的组合,引起了国内外许多专家学者的浓厚兴趣。日本建筑学家茂木计一郎考察后,把田螺坑土楼群描绘成"天上掉下的飞碟,地上冒出的蘑菇";我国著名古建筑专家罗哲文还写下了律诗《田螺坑土楼赞》:"田螺坑畔土楼家,雾散云开映彩霞。俯视宛如花一朵,旁看神似布达拉。或云宇外飞来碟,亦说鲁班墨斗花。似此楼形世罕见,环球建苑出奇葩。"

五、河坑土楼群

　　河坑土楼群(图3-7)位于南靖县书洋镇河坑村,这里四周烟峦翠阜,绵延如弓,两条溪流在左边山脚下交汇,形成"丁"字形溪水,山清水秀,地面平坦而肥沃。相传在四五百年前,张氏先民在不断的迁徙中被这里的山水风光所吸引,便从邻近的石桥村迁到此居住,垦荒造田。

　　张氏族人于明嘉靖年间(1522—1566年)兴建土楼,以安居乐业。现在狮子山后及"丁"字形的溪流两岸,在不足500米狭长的山间谷地上,分布着14座各种造型的土楼。其中,方形的有朝水楼、阳照楼、永盛楼、绳庆楼、永荣楼、永贵楼,圆形的有裕昌楼、春贵楼、东升楼、晓春楼、永庆楼、阳春楼、裕兴楼,五角形的有南薰楼。

图3-7　河坑土楼群

图3-8　河坑土楼群一角

　　河坑土楼群是福建客家土楼中最密集的土楼群落之一,集中反映了不同年代土楼形成发展的历史沿革。其中7座16—18世纪建造的方形土楼,犹如坚固的堡垒镶嵌其间;7座19—20世纪建造的圆形土楼,好像北斗七星从天上下凡人间,构成一个绝妙的星象奇观。形态各异的土楼依山临水,高低错落的瓦顶与起伏的山峦遥相呼应,古朴壮观(图3-8)。潺潺流水、绿绿秧苗,映出黄黄的土楼,道不尽的田园诗情与山村画意。这些朴实而自然镶嵌在瑰丽山景中的土楼,体现了中华民族传统的建筑风格和规划思想的统一,成为与自然环境完美有机结合的杰出典范。

天是圆的,地是方的,有天必有地,有地必有天,所以河坑客家村民在建造土楼时,就把方形、圆形土楼融于一地,用方形、圆形土楼来集天地之灵气、日月之光华、山川之神韵,让人触摸到一种文化、一种精神的力量。同时,这些土楼蕴含的"方正团圆"理念,也让河坑土楼群焕发出固有的温度与生命力。

六、大地土楼群

大地土楼群(图3-9)位于华安县仙都镇大地村,其背倚杯石山、蜈蚣山;前瞻大龟山,远眺九龙岭;左有狮仔山逶迤跳跃,右有金面山、虎行山相携叩伏。开基祖蒋景容为避倭祸,于明嘉靖四十四年(1565年)

图3-9 大地土楼群(林艺谋)

由福建省海澄县(今漳州市龙海区海澄镇)举族迁此。

清乾隆五年(1740年),蒋氏族人开始兴建土楼。现存有二宜楼、南阳楼、东阳楼3座土楼。土楼群选址布局严格按几何学图形,是中国传统风水理论的一大实践。两条小溪涧汇流于二宜楼前,曲折迂回,形如玉带,生机盎然。地理形势如楼中祖堂柱联所云:"倚杯石而为屏,四峰拱峙集邃阁;对龟山以作案,二水潆洄萃高楼。""祥钟大地且继琼林开六秀,庆溢二宜还向龟山对九龙。"

土楼群周边建有玄天阁、嘉应庙、慈西庵,优美的楼落环境,得天独厚的地理(风水)特色,营造出一个风光旖旎的"仙都"。以二宜楼为例,其背靠重岭叠嶂、势如巨浪的蜈蚣山,楼前曲水回环、视野开阔。左边狮子山劲拔前伸;右边虎行山低矮退缩,故添建玄天阁以补风水,使左右均衡。这里秀山环抱,丰水汇集,藏风聚气,土楼与环境有机融合,构成理想的生态格局。

第二节
客家土楼选址布局蕴含的风水理念

选择土楼建造地点是以大自然与建筑所交织的空间构图效果为准则的,其中自然界的山水环境与建筑的空间关系隐含着种种人间的伦理道德及世态人情的模式,并附会于阴阳学说理论,"巧合"于建筑科学规律。

土楼为何大多选址在依山临水的山景中,与山水配置得如此完美？这体现土楼子民对自然环境空间的渴望,这种渴望完全融入风水理论之中,使得土楼无所不在地体现着风水观。

一、土楼选址

土楼的选址,主要是通过觅龙、观水、点穴等步骤来确定地点、方位以及高低、范围等。先民在建造土楼前,必须请风水先生选择一个好的地理位置。

首先要寻找龙脉,通过察看山的走向、形态、结构来寻找吉地。风水学有"寻龙捉脉"的说法,认为那些来龙深远、去脉奔腾的山脉才是好的。大地中的生气沿着山脉流动,寻找能够传递"生气"的山脉至关重要,正所谓"阳宅下乘地之吉气,尤欲乘天之旺气也"。因此,建筑的背后所依靠的"龙脉"要好,也就是地理形势要乘气、聚气、顺气。先民建造土楼也要寻找龙脉,观察山脉的来龙去脉以及盛衰吉凶,以求得阴阳之气和合之地,土楼人认为这样日后家族才能平安顺利、人丁兴旺、人文兴盛。对龙脉风水的讲究,决定了土楼的选址立向,体现了天道与人道、自然与人为的关系。

玳瑁山和博平岭有许多上千米的奇峰,是福建西南部土楼的祖山来龙,那里山峰秀润,逶迤起伏,构成了土楼营造的风水宝地。"古人认为山是气之源,在《望气篇》中谈到山的形势与气的关系:'凡山紫色如盖,苍烟若浮,云蒸霭霭,四时弥留,皮无崩蚀,色泽油油,草木繁茂,流泉甘洌,土香而腻,石润而明,如是者,气方钟未休。'"①

其次是楼前的明堂要开阔,明堂是"聚水"之地,明堂开阔是财富的象征。"山管人丁水管财",讲的就是这个道理。

林平芳在《闽西客家圆楼分布成因考》中提出,永定县(今永定区)

---

① 王乾,《古今风水学》,云南人民出版社,2000年。

客家人营造土楼按照风水学的5个观点进行选址：

（1）背靠大山。当地人把呈蜿蜒而来走势的山脉叫作"来龙"，来龙的大小象征着人口繁衍的兴旺程度，对于怀有浓重"多子多福"传统理念的客家人而言，这条标准无疑具有突出的位置。

（2）楼前环水。值得注意的是，客家人对于"环水"的要求是很特别的，他们要求以楼基为中心，前面溪水必须成一个开口朝楼的弧形，而不能成为反弓水，即向相反方向成弧形，开口背对土楼。风水学里把反弓水看成是"溪煞"。

（3）溪水另一侧的山峰最好呈"平案山""笔架峰"的走向，因为这样的地形地势象征着人才的培养和造就。

（4）溪水出口处要有山脉横挡，以不见出口为上。风水学认为水口紧闭容易聚财而不至于破败。

（5）最忌各个方向的"窠煞"。很多例子证明方形楼中有"窠煞"的地方不适合居住。

土楼村落大多地处山区，土楼建筑背山（图3-10），符合前面视野开阔、背后有所依托的构图法则。在土楼建筑中，"砂"与"龙"隐喻着

图3-10　南靖潭角土楼（张志坚）

一种"秩序"关系,而且"砂"与"龙"配合,在空间上起着围合和界定环境的作用,使建筑与自然环境的空间构图更加完美。这种利用斜坡、台地等特殊地段构筑成的形式多样的土楼,参差错落,层次分明,蔚为壮观,颇具山区建筑特色。如南靖县田螺坑土楼群,后靠的大湖崀山尖秀挺拔,它位于土楼群的正东(卯),山尖似斗笠,也似田螺的尾部;左右、前后均有低山(砂)环抱。这种前后左右四面皆有山环抱,风水学称之为"前有朱雀,后有玄武,左有青龙,右有白虎,四灵俱备"。前方远处是南靖县境内最高峰蛟塘崀(海拔1 391米),这种前方远而高的山称为"朝山"。蛟塘崀直耸云天,一峰独秀,是座既合适又难得的朝山。田螺坑龙砂案朝俱备,诸山配合得当,就好比一个人坐在交椅上,后有靠背,左右有扶手,前面有案山,有利于安居乐业。这些讲究,无疑与地质地理学、生态学、景观学、建筑学、伦理学、美学等有着密切关系。

就单体土楼而言,注重选择向阳避风、临水近路的地方作为楼址,以利于生活、生产。楼址大多坐北朝南,左有流水,右有道路,前有池塘,后有丘陵。如永定区的振成楼,其坐北朝南,依山而建,从远处看,像一个堡垒,屹立在洪川溪河畔;左右各有一座起伏绵延、逶迤曲折的大山;楼的正面,地势开阔平坦,远望有一矮山,恰似文案,稍远又有一座高山,山峰错落有致,连绵起伏,像孔雀开屏;再回到脚下,洪川溪蜿蜒而下,门前右边有一口池塘,水是生命之源,聚水宅前,隐喻祈求家族团聚。振成楼的选址吻合了风水学中"左青龙,右白虎,前朱雀,后玄武"之说,被认为是富贵吉祥之地。

由于受山区地理条件的限制,建造土楼遇到"窠煞"有时是难免的。"窠煞"就是土楼对面山崀"案山有缺",这样风就会从峡谷或者峭壁地带直窜而来,无自然屏障阻挡的强大气流,对人畜健康和建筑物都有严重损害。如果遇到"窠煞",就要采取补救措施。南靖县官洋村的荣洄楼,门正对的山有个缺口,加上溪水在此迂回潆绕,村民在楼前的左右两边幽道旁各立了一块"石敢当",用于辟邪制煞与镇宅。后来还在楼前右边种了一棵榕树,以求"保幸福、辟邪妖"。同样在南靖县官洋村,那里有座宗祠叫潭头祠,祠对面有条半山坑溪,溪出口正对对岸的"潭头祠"中梁。为避免与潭头祠"对冲",村人在溪出口边种上榕树,榕树茂密的树冠低垂至河面,起到了"制煞"的作用。而永定区洪坑村的景阳楼,背山面溪,其正面墙的右边正对着山口。古人认为山口是"煞口",所以人们就在该墙上正对山口处雕刻了一个狮面吞口,来抵御邪气的侵袭。

图3-11　南靖长教山水

吉地不可无水,风水学认为:"水飞走则生气散,水融注则内气聚。""水是万物之本原,诸生之宗室也。"对于土楼村落而言,水是土楼古村真正的命脉,也是古村建筑艺术的命脉,聚水于宅前,有祈盼家族团聚的含义,所以依山临水(图3-11)几乎是所有早期开基的土楼村落的特点。如南靖县田螺坑的水来自于土楼群的北边(癸,正北偏东),这条山泉水往下南流,流至土楼南边(丁,正南偏西),与来自土楼南边(丙,正南偏东)的另一条流水汇合,然后向北,流经塔下、曲江、梅林。田螺坑这股山泉水,有偏小而浅之嫌,"水深处民多富,水浅处民多贫"。田螺坑这股泉水虽小却长年不绝,水质甘甜清澈,亦在好水之列。土楼人家用水管把山泉直接从后山引到楼内,并在楼内外设多处蓄水井,这种蓄水井亦有"蓄财"之功。

平和县白叶村的玉明楼、迎芬楼都是坐北朝南的,楼的两边有涓涓细流,前面是大溪水,并建有水坝。据传当初风水先生认为,两座土楼建在"船"上,玉明楼是"船头",迎芬楼是"船尾",这"一条船"在三水合一的水坝上,地理位置妙不可言。

　　永定区南江村的水尾楼,泛指经训楼、振阳楼、福兴楼、庆福楼和天一楼等所处的一大片地方。这块地方的龙脉与邻县平和县的芦溪丰头摆相连,龙头在丰头摆,龙尾在南江。丰头摆有双溪水,南江也有双溪水,而南江的水是从芦溪那边流过来的,相对其而言,此处属水尾,于是先民便开发了这片土地,并将此处的土楼称为"水尾楼"。观水尾楼四周,重峦叠嶂,土楼鳞次栉比,双溪水流交汇,风光无限。

　　水口是一个村落的门户,土楼先民认为,其对整个村落的安危兴衰关系重大,所以他们在建造土楼时,还要看进水口与出水口。流水"去要休囚,来要生旺",如果来水是笔直正对着房子,这种"溪煞"风会冲着房子来,就要考虑大门的角度,使大门与水口相匹配。南靖县塔下村的三巴楼(由稻孙楼、文选楼及耀东楼三座连成一体的方形土楼组成,呈曲尺形),正门朝上,正好对着向下奔流的溪水,也就是逆水门。风水先生认为,大门逆水朝向则家族会兴旺发达。三巴楼的整体建筑布局犹如一只巨大的口袋,大门正好是袋口,钱财就像溪水一样流进三巴楼。

　　倘若无水可聚,人们就在楼前开凿一口半月形的池塘环抱宅院,以聚大楼之灵气。如南靖县和溪村的南河楼、林坂村的瑞兴楼,楼前都有一口半月形的池塘。

　　穴位的选择是营造土楼前必须考虑的重要一环。"穴者,山水相交,阴阳融合,情所钟之处也。"穴位实际上指的是能够把周围的龙、砂、水平衡统一起来的某个具体地点,这个地点要考虑龙、砂、水的重叠、关拦、内敛向心的围合和谐作用,以达到倚仗周围山川拱抱阻御风沙,迎光纳气,阴阳和合,形成良好的生态小气候的作用。先民在营造土楼时特别注重穴位,认为好的穴位可以庇佑土楼人家人丁财兴旺。

　　如南靖县现存最早的方形土楼永安楼(石桥村),楼址穴位为"渔网穴";楼名石牌有明确纪年的登峰楼(上双峰村),楼址穴位为"丝线吊铜钟"；始建于清嘉庆二年（1797年）的华峰楼（南欧村），楼址穴位为"海螺穴"；南靖县最高的方形土楼和贵楼（璞山村）的楼址穴位为"哪吒肚兜"，最小的土楼翠林楼（新罗村，图3-12）的楼址穴位为"天鹅戏水"。华安县二宜楼（大地村）楼址穴位为"蜈蚣吐珠"，南阳楼（大地村）楼址穴位为"狮子踏球"，东阳楼（大地村）的楼址穴位为"狮仔踩印"。

图3-12　南靖翠林楼（张志坚）

南靖县圩埔村的圆形土楼石书屏封楼楼址穴位是"蜻蜓地"。若站在高山上俯视，土楼附近的地形就像一只凝神待飞、栩栩如生的蜻蜓，土楼正好建在"蜻蜓"的肚子上。楼外一圈不完全封闭的护厝，分为两部分，与楼门正相对的前半部分连接"蜻蜓"的头部，后半部分在"蜻蜓"的翅膀上，楼后面6座节节排列的护厝，是"蜻蜓"的尾巴。这座土楼及护厝可谓把穴位用到了极致。华安县沙建镇岱山村的椭圆形齐云楼是"卧牛穴"，土楼为"牛腹"，千年古榕为"牛尾"，山崇突出的部分为"牛头"，楼边有一根杵样的石笋为"牛鞭"。从这些土楼可以看出古人在建楼择址上的睿智和独到之处。

二、土楼立向

选择了建楼的大环境后，就要对土楼的位置进行立向。土楼的朝向，最适宜坐北朝南。因为冬天太阳东南出、西南落，夏天太阳东北出、西北落，所以朝南的房子，冬天能晒到太阳，而夏天又能避开阳光，这就是土楼冬暖夏凉的缘故。

确定土楼的朝向,首先要用罗盘测定中轴线,以历法为依据,推算出"利年"所对应的方向。若是"东西利",建土楼便取东西向;若是"南北利",就取南北向。

　　风水先生会结合山水环境,使用罗盘来推测方位的吉凶,以选择土楼最好的朝向。如田螺坑土楼群后主山在"卯"位,卯属"三才"的"天元龙",这样土楼的立向就要求在天元龙中的八个方位(子、午、卯、酉、乾、坤、艮、巽)中选一个,根据田螺坑的实际地形,最宜立艮山坤向,因此5座土楼的朝向均为坐艮向坤。

｜ 三、土楼内部空间运用 ｜

　　风水学的诸多手法不仅在土楼选址立向上用得极为普遍,而且在土楼内部空间的处理上也非常讲究。

　　民居内部空间运用风水法则,主要是用罗盘测量"内六事",即行门、天井、厅堂、房床、厨灶、碓磨,还有水井、水沟等,使用罗盘测量的主要目的是把它们定位、定向。

　　由于土楼本身特殊结构的限制,土楼的内部空间处理并没有完全运用风水法则。比如厨灶,灶台一般设在楼内的廊道靠墙位,厨房设在一楼的房间内;卧房一般设在三楼,床位也没有太多的共性讲究;至于碓磨等大型公共用品,一般均放在大门入口处,也没有什么风水方面的讲究。土楼内部空间营造的风水手法体现在行门、祖堂、天井、水井、水沟的运用。

1.行门

　　行门是土楼内部空间最讲究风水法则的。土楼大门(图3-13)一般设在中轴线上,即设在与厅堂同一直线的位置上,而且大门中心点

图3-13　土楼楼门

与厅堂中心点的连接线是土楼本身的对称轴，这使土楼在整体上显得对称、端庄、稳重。如此设置，风水学上称之为"同元一气，一卦纯清"。风水学讲究"气"，理论上认为大门是进出之口、活动频繁之所，门设在与楼坐向同一直线上，"气"才会纯，避免产生"杂气"。

也有非"门向一线"的，如南靖县田螺坑的振昌楼，其大门向丙（正南偏东），原来田螺坑后主山大湖崇山北侧还有一座峰，据传当初风水先生认为此山有一龙气伸到振昌楼址所在地，南边（丙）有一座天马山可作案山，且有一条流向北的水，门开此向，主楼内人会外出、升迁、发暗财。

大部分土楼只有一个大门，没有后门，这也与土楼依山而建有关。个别土楼和中原传统建筑一样，设前门后户，如南靖县塔下村顺昌楼、林中村龙田楼、古楼村阁老楼。有的开侧门，如石桥村的顺裕楼。

华安县沙建村建于清道光二十三年（1843年）的垂裕楼有个特别之处，就是其正大门不是坐北朝南，而是朝北开。这是垂裕楼的先民根据当地特殊的风水地势而建的，北为大，因此凡是嫁娶的喜事或是贵客到访，都走北门。据介绍，垂裕楼原本设计的出入口有3个，分别是东门、西门、北门，而每道门，都有它特定的意义和功能。凡有新生婴儿，都从东门进出；若有人去世，则从西门进出；而婚嫁喜事则从北门出入……楼内的居民祖祖辈辈严格遵守，一直延续至今。

南靖县建于清道光二十七年至三十年（1847—1850年）的南薰楼初建时楼门坐东向西，因对面的山峰与大门"对冲"，"煞气"重，楼建成后,居民搬进去住,常觉不吉利,100年前,楼里的居民把楼门改为坐北朝南,使南薰楼成为南靖县唯一一座厅堂在楼右侧的土楼。

土楼的大门一般都与"山""水"有一定的关系,比如大门的门闩(图3-14)。南靖县田螺坑振昌楼的门闩是由右向左闩的,这不是偶然,它取门前天马山的丙方水作本楼的"财",此水从左向右流,门闩从右向左闩,与水流反向,意思是要把此水拴住,有"聚财"之意。同样道理,田螺坑步云楼、瑞云楼取来自北边的水作本楼的"财",此水自右向左流,因此门闩从左往右闩。

图3-14 土楼门闩

这种对门闩的讲究并不普遍。如田螺坑文昌楼建于1966年,那时土楼大门的防御功能已不再重要了,所以干脆就不设大门闩。有的土楼的门闩是双向的,如南靖县石桥村的顺裕楼。

2. 祖堂

土楼无论什么形状,无论其规模大小,都有一个处于全楼核心地位的标志性建筑——祖堂(图3-15)。它是族人议事、婚丧喜庆、供奉

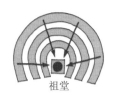

图3-15 土楼祖堂示意图(黄汉民)

神灵、祭祀祖宗的重要场所,是全楼最神圣、庄严的地方(图3-16)。

　　祖堂设在与大门相对的敞厅,一般开间较大,木结构也较讲究,前面增设雨棚,做成卷棚顶(图3-17)。所有的土楼都以祖堂为核心,并围绕这个核心组织院落,以院落为中心进行群体组合。如果是五凤楼,其祖堂、大门、主楼则建在中轴线上,横楼(屋)和附属建筑分布在左右两侧,整体两边对称极为严格。这种独特的布局形式是由土楼人尊崇的精神伦理和儒家风范决定的(图3-18)。

图3-16　振成楼祖堂

图3-17　怀远楼祖堂(张志坚)

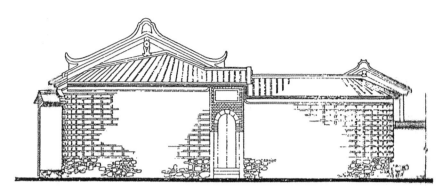

图3-18 怀远楼祖堂侧立面图（摘自同济大学《福建南靖圆寨实测图集》）

祖堂的坐向基本上是本座楼的风水朝向。这种把祖堂设在正位的观念，反映了楼内住民对祖宗的敬意；同时他们也认为祖宗神位不可乱置，安奉在住宅的生旺吉方，神人皆宁。因此，土楼人都把祖堂作为魂牵梦萦的精神家园。

3. 天井

土楼内滴水线合围起来的范围，就是天井（图3-19）。它不仅有通风、采光的作用，而且有引泄屋水的功能。

天井古称"明堂"，有"四水归堂"之意。土楼人把雨、露、冰、霜视为灵气与财富的象征，用天井把"四水"归聚一堂，意为肥水不流外人田。

天井是土楼的主体空间和核心空间，其形状与土楼的造型密切相关，有圆形、方形、环状等，空间感觉舒适阔达，构图艺术性极强（图3-20）。风水学认为，方五行属土，圆五行属金，土、金形的天井，是吉相。风水古籍《宅

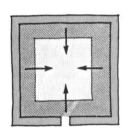

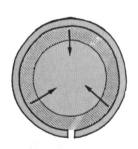

图3-19 土楼天井示意图
（黄汉民）

图3-20　怀远楼天井（张志坚）

图3-21　土楼水井

图3-22　和贵楼水井

谱》记载："堂合土星，富贵安宁；堂合金星，富贵芳馨；堂如掌心，堆玉积金；明堂四正，功名早盛。"

4. 水井

古代对水井（图3-21、图3-22）的方位讲究颇多，但这些讲究是针对单个住户与水井的方位关系，对客家土楼这样十几户、几十户围合而住的状况，水井方位的吉凶理论并不是太适合，因此水井在土楼内并没有太多的方位禁忌，更谈不上玄空理气法在此方面的应用。有一个比较普遍的看法是，水井一般不正对大门，也不处于土楼的中心点。南靖县田螺坑瑞云楼的水井位置是比较好的，它正好在以天井为太极圈的阴阳眼上。打井要看水位，要取"生水""旺水"。

5.水沟

水沟(图3-23),指住楼内排水的阴沟。每座土楼内底层沿廊与天井交接处都有排水沟,用来排泄雨水和楼内水井用水。

客家土楼的出水口、放水口要请风水先生来规划。放水要符合从小到大的原则。水沟在土楼内的设置,一般位于天井和走道间的滴水线上,祖堂正对的水沟的沟底不但最高也最浅,并以此为分水岭,水流由此向两边流,流至大门出口处汇合,再以暗沟的形式排出楼外。这很符合风水学对水沟的要求:"宜暗藏,不宜显露。屈曲流出,则气不流散;若直泻前去,则财不聚。"这种讲究很普遍,就连水井边的排水沟,也取其曲流而去。

水沟经过大门厅时,采用暗沟外排,不直出,不横出,不后出,不多端出,不穿厅过房,而要向前曲折弯转,缓缓暗泄而出。

水流出楼外的流向更讲究,沟口的位置要符合玄空学的理气手

图3-23　土楼排水沟

法,如南靖县田螺坑振昌楼的楼外水沟就做到在"庚"方(正西偏南)流出。为什么要这样做呢?因为在玄空学理论中,甲、庚、壬、丙乃同元一气,振昌楼丙门,故要取甲或庚方作出水口位置。

类似这种做法的出水口很常见,比如南靖县的和贵楼,其楼坐西朝东,出水口位就放在东北方位。如果将出水口位和大门中心连成一条线,这条线大致和楼的坐向直线成45°角。

在水流出楼和出水口之间,有些土楼的做法也颇费心思,如南靖县和贵楼,水出楼时,先向右向南流,沿着门口明堂向东,再折向北,最后流出东北方位。南靖县和胜楼的放水,堪称土楼一绝,它不仅九曲十八弯,而且经过五个池塘(金、木、水、火、土),才流入溪中。有些土楼由于地形限制,没这么复杂,但至少也是"外水倒左,则沟口向右;外水倒右,则沟口向左"。无论哪一种,这样做的目的都是"盖水属财,欲其曲折相逆,不直去耳"。也就是说,水沟这般处理,才有"卫财聚财"之功。

土楼楼外砌有沿廊和排水沟,使雨水和山洪水不易透过地基、渗入楼内。楼后水沟高于楼前,排水时不对大门。

｜ 四、土楼与八卦文化 ｜

八卦图是我国上古传下来的神秘未解的图形。八卦代表的易学文化渗透于中国人生活的各个领域,也渗透到土楼的建筑布局中,是构成土楼文化内涵的重要部分。

阴阳是八卦的根本,八卦又以两卦相叠引以为六十四卦,以象征自然现象和社会现象的发展变化,具有朴素的辩证法因素。在客家土楼的建造中,八卦的运用可谓精彩绝伦,不仅八卦土楼以八卦精髓为指南,而且其他类型的土楼建造亦用八卦择地定位,镇宅禳邪,出煞保安。

　　福建省平和县秀峰乡福塘村是一个"太极村"。福塘"太极村"大致形成于明万历至清顺治、康熙年间（1573—1722年），是平和原朱氏家族聚居区。据考证，福塘村由南宋理学家、教育家朱熹第十八代子孙朱宜伯于清康熙三十一年至乾隆三十一年（1692—1766年），利用得天独厚的地理条件，依山傍水修建而成。朱宜伯秉承朱子学说，仁德广施，且谙熟天文地理。当初，朱宜伯在其舅父的直接指教下，依太极图样筑码头、建城池、修学馆、盖祠堂，成就"太极村"基础格局。站在高处可以看到，一泓溪水成"S"形流入村中，正好是一条阴阳鱼的界限，将村庄南北分割成"太极两仪"，溪南"阳鱼"、溪北"阴鱼"，鱼眼处各建有一座圆形土楼（南阳楼和聚奎楼）。福塘村之美在于那60多座历经数百年风雨的古民居，这些古民居大多为明清时期所遗留，著名的有寿山耸秀楼、观澜轩、茂桂园、留修楼、聚奎楼等。其中，建于清乾隆末年的寿山耸秀楼是当时内阁中书郎朱薰芳的私人府第。该楼设有拜亭（接官亭）、左右厢房、天井、照壁、后花园、沐浴汤池、假山、花坛等，天井用鹅卵石装饰成太极图样。漫步在村落的大街小巷，给人一种"曲径通幽处，禅房花木深"的诗意般美感。

　　无独有偶，福建省南靖县书洋镇塔下村（图3-24）也是个典型的"太极村"，居住在塔下村的张氏先民于明代宣德元年（1426年）到此开基。该村坐落于两座自东南向西北绵延的大山峡谷中，两边山中古木参天，碧绿如黛，竹林茂密，翠接云天。一条"S"形的河流从村落中穿过，沿河两岸，营造了40多座明清时期的土楼，有方形、圆形、围裙形、曲尺形等，这些土楼摆布井然有序，无不与

图3-24　塔下村(张志坚)

青山碧水融为一体。清末后,由于地理环境所限,村人在沿溪两岸的空地上,又建起了一座座单院式土木、砖木结构的吊脚楼,构成一幅美妙的太极图案,故有"太极水乡"的美誉。在昔日荒山寂野的生存环境中,村人把安身立命的希望全寄托在这"太极"之中。楼前屋后铺就的卵石小径迂回曲折,犹如迷宫一般,已被先人们的足迹磨得圆润,细雨轻烟中闪出柔和的光泽。

在土楼营造中,除了选址要考虑方位、朝向、水流、山势等因素外,许多单体建筑内部结构都以八卦原理营造。土楼先民采用象征、寓意等手法,按《周易》中的八卦原理,营造出一座座按八卦布局、以阴阳为本的神奇杰作,使土楼内部变幻莫测、神秘无比。

中国最大客家八卦土楼是广东省饶平县南联村的道韵楼(图3-25),它始建于明成化十三年(1477年),建成于明万历十五年(1587年)。楼中每一卦长39米,各有房间9间,卦与卦之间用巷道隔开,八卦共72间。土楼外,环巷筑有8列围屋,即在主楼八角的楼角相对留出8条巷道,构成环护土楼的8排围屋,使得土楼内外总体上构成了八

图3-25　道韵楼一角(陈钦镇)

卦图的布局。该楼还按照诸葛八卦阵的从生门入、休门出的原则，在大门一侧另开一休门，以便让族人从此门出寨。

而广东省翁源县江尾镇葸茅岭村的葸茅围，俗称"八卦围"，不仅规模宏大，且因造型似八卦图形而闻名于世。这座土围屋始建于明朝洪武初年。屋的主人是唐代名相张九龄的后裔，至今在围内祠堂前端的石柱上还刻有"千年事业承京地，十策家书继曲江"的堂联。"十策"指的就是唐代宰相张九龄的"十策方略"。当时，张氏族人在风水先生指点下营造围屋。围内房屋构造及规划完全按八卦样式设计营造，整个围屋总占地面积约 23 000 平方米，中间有一个近 3 000 平方米的葸茅墩，建筑群以其为中心，左、右和中后房屋按八卦层层加串，向外伸延，围内共有瓦面平房 1 653 间，大街小巷 89 条。设有乾、巽、寅、艮四大门。漫步其中，就仿佛进入诸葛亮的八卦阵，扑朔迷离。

特点最鲜明的八卦土楼是福建省诏安县官陂镇大边村的在田楼，该楼建于清代乾隆年间（1736—1795 年），坐东北向西南。近看为圆形，登高远看为八卦形结构。楼直径 92.5 米，高 3 层、约 11 米。土楼外围略呈八角形，楼中楼呈四方形，高 2 层。四方楼偏南面有一列两层的护屋。主楼是《周易》中八卦的形状，每一角（边）为一卦。主楼（外围）共有 64 开间，每一角（边）8 开间，每一开间代表一小卦。全楼为 64 小卦，与八卦推演一致。《周易》说："乾为天，为圜。坤为地，为大舆。"而在田楼外环的圆形代表天，方形的楼中楼代表地，即"天圆地方"，构成了完整的宇宙天地。楼名"在田"取自《周易》中"九二，见龙在田，利见大人"，有着深刻的文化内涵。楼正大门的对联"在昔经营孙曾九二初启宇，田庐居处兄弟四三始创楣"，上联嵌入了《周易》中的"九二"二字。门框还悬贴各种八卦平安符，门窗彩绘中有特殊意义的八卦吉符，人们踏进楼内，就能感受到一股浓浓的中国传统文化气息。

永定区振成楼也是按八卦图结构营造的，俗称"八卦楼"。该楼楼内按《周易》中的八卦原理布局，以青砖防火墙分隔成 8 个单元，楼房呈辐射状八等分,每等分6间,为一卦,卦与卦之间以拱门相通。坎(北)、离(南)、震(东)、兑(西)方分别为后厅、大门和东、西侧门。各卦南边隔墙架设一楼梯连通各层。内环楼大天井的中央是八卦的太极圈。楼内的东、西两侧按八卦图中的阴阳两极设两口水井,分别代表日和月。东边的水井在阳极,俗称"智慧井";西边的水井在阴极,俗称"美容井"。这两口井距离不过30余米,在同一水平面上,但是两口井的水位、水温和水质明显不同,令人惊奇。全楼设有三道大门,按八卦图中的天、地、人"三才"布局。此外,永定区承启楼的平面布局也是按《周易》八卦设计的,外环卦与卦之间的分界线明显。

　　漳浦县深土镇东平村灶山上的八卦堡(图3-26),建于清代中期。跟一般土楼相比,它没有封闭,而是完全敞开的。从山上往下看,八卦堡围绕同一圆心,环环相套,共有五环平房。中间是一座完整的圆楼,只有14间大小均匀的房间;第四环为断续八卦布局,有25个房间;第三、第二环和外环也是相似布局,各环之间间隔3米,形成结构独特的八卦形状。

图3-26　漳浦八卦堡(黄汉民)

南靖县梅林镇梅林村建于清康熙二十八年（1689年）的和胜楼，楼的天井门、主楼门、大门、平房中厅两个门及外大门，有如宫殿般成一直线，层层叠叠，壮观气派。它既合八卦的六爻，又合"六六大顺"的吉数。在客家土楼中，这种六个门对门的建筑设计格局，仅此一楼，可称"福建土楼第一门"。该村建于1929年的圆形保和楼，在天井里，用鹅卵石铺成一个八卦图（图3-27）。而南靖县的怀远楼，则在门上饰以八卦平安图案，并在楼前的鹅卵石大埕中央，镶嵌太极图案。

图3-27　保和楼内天井八卦图

第四章
客家土楼的营造技艺

第一节
夯土技艺溯源

　　生土，是人类文明初期干燥地区普遍采用的天然建筑材料。在石器及其以后的铜器时代，生土极好地满足了经济、适用这两个基本的建筑要求。中国的黄土大部分是由矿物碎屑和黏土颗粒组成的，在压缩和干燥状态下能变硬固结。中国古人早就知道这一原理，利用它的这种特性来烧制陶品，夯筑建造堤坝、城池、房屋。东晋大夏国王征10万人，版筑建造的统万城"坚如铁石""可以砺刀斧"。《左传》中《烛之武退秦师》有载："朝济而夕设版焉，君之所知也。"说的就是用版筑夯土修建防御工事；《孟子》中也载"傅说举于版筑之间"。

　　中国使用这种夯筑技术的最古遗例在河南省汤阴县一个叫作白营村的地方，它是新石器末期的遗址。据考证，当时在中国乃至中亚、东亚的广阔区域，就开始以生土夯筑房屋、聚落建筑。在距今已有6 000多年历史的半坡遗址中，地穴、半地穴和地面建筑，即用生土建筑材料，并出现了圆形和方形的住宅。这些住宅建筑排列密集，分布规律。从半坡遗址看，当时村落里圆形、方形房屋有200座以上。这种以大农庄形式出现的聚落，表明了当时人们就以血缘家族聚居。到了五六千年前的仰韶文化时期，"或圆或方之造型已经代表着某种观念或社会、政治、经济等方面的深刻内涵"①。

———————————

① 林嘉书，《土楼与中国传统文化》，上海人民出版社，1995年。

公元前11世纪（商代后期）以后，生土夯筑技术被各个领域广泛应用，许多规模宏大的宫室和陵墓都是用夯筑技术建造的，特别是夯土台基，成为建筑物的通用形式。在4 000多年前的大禹时代，人们不仅利用这种夯筑技术建造城池、宫殿，而且用它来修堤筑坝，治理水患。龙山文化遗址就出现夯土建造的城墙、台基和墙壁。3 500多年前的河南偃师二里头王家宫，以生土夯筑而成，由堂、庑、庭、门等组成，主次分明，布局严谨。陕西岐山西周初期的殿堂式大型建筑群，现尚存于河南省安阳、郑州等地的3 000余年前的城池宫殿遗址，都是利用夯筑技术建造的。郑州的商城遗址四周总长6 960米，采用分段版筑逐段筑成，质地相当坚固。刘敦桢的《中国古代建筑史》述：商朝中期，河南郑州一带可见相当成熟的夯土高台，还有建在地面上的夯土住宅。考古发掘河南50多处宫室房屋的基础，其平面为方、长方、凹、凸等形状，全部用夯土筑成。这种夯筑技术伴随着汉民族的迁徙，从黄河流域跨过扬子江，向江南地区传布。

春秋时代，各诸侯国筑城不断增多，使夯筑技术得到飞跃发展，"逐渐形成一套筑墙的标准方法，如《考工记》所载，墙高与基宽相等，顶宽为基宽的三分之一，门墙的尺度以'版'为基数等"[1]。战国时期高台建筑更多，如燕国的燕下都城墙就以黄土版筑而成。秦时阿房宫等宫殿也用夯土建造；出土的陕西临潼骊山秦始皇陵，就是由三层方形夯土台垒成的。战国晚期至西汉初期，生土夯筑技术在福建等地已相当成熟。福州新店战国晚期至汉初（公元前2世纪至公元前1世纪）的古城遗址和武夷山城村闽越王城[2]等遗址上所留的城墙，都是由生土夯筑而成的。

公元前1世纪（汉代）以后，民居建筑的主要材料除了木、竹、砖、石之外，生土仍然被广泛采用。

① 刘敦桢，《中国古代建筑史》，中国建筑工业出版社，1980年。
② 闽越王城，又名"古汉城"，是闽越王受封于汉高祖刘邦时营建的一座王城。

唐代以后,在中原夯筑建筑虽然逐渐被砖木结构建筑取代,但在闽粤赣三角地带,中原民众不断南入,不仅全面继承和发展了古老的夯土版筑技艺,并且把中国传统的夯土版筑技艺推向了顶峰。唐五代(7—8世纪)以后,闽、粤、赣等地就出现了具有军事防御性质的土堡、土寨,这种土堡、土寨的墙体多以夯土依山而建(图4-1)。

图4-1　土楼残墙

　　北宋时期是中国历史上经济文化最繁荣的时代,儒学得到复兴,科技发展突飞猛进,出现了《营造法式》专著(李诫编修),该书记载:"筑基之制,每方一尺,用土二担,隔层用碎砖瓦及石札等,亦二担,每次布土厚五寸①先打六杵,次打两杵……每布土厚五寸,筑实厚三寸。筑城之制,每高四十尺,则厚加高一十尺,其上斜收,减高之半;若高增一尺,则其下厚亦加一尺,其上斜收,亦减高之半。筑墙之制,每墙厚三尺,则高九尺,其上斜收,比厚减半;若高增三尺,则厚加一尺,减亦如之。凡露墙,每墙高一丈,则厚减高之半,其上收面之广,比高五分之一;若高增一尺,其厚加三寸,减亦如之。"可见当时的夯土版筑技术

---

① 1寸≈3.3毫米。

有了很大进步,民间住宅建筑已普遍采用夯土墙(图4-2)。

这一时期,在闽、粤、赣等地山区一带,原具有军事防御性质的堡、寨建筑形式,也逐渐被移植到民居建筑上,出现了以四周夯土墙承重与围墙内部木构架建筑共同组成的土楼建筑。尤其是客家人聚集的闽西南和粤东地区,"民间筑土城土楼日众"。

明代后,夯土墙的民居在中国各地普遍出现。闽西南、赣南、粤东的山区农村,建造房屋多以黏土为主要建筑材料,

图4-2 残存的夯土墙

并利用夯筑技术建造。这种夯筑技术已到了巅峰水准,建造的楼房一般皆为三四层,高者五六层,有的高度超过20米。

由于战乱频繁、朝代更替、少数民族入主等,如今在中原地区已很难见到夯土的建筑,而现在存留下来的闽粤赣土楼大部分建于明清时期,夯土墙的高度与厚度之比是25∶1,技术水准达到了登峰造极的境界,被称为"利用特殊的材料和绝妙的方法建起的大厦"。

客家土楼高超的夯土版筑技术,是古老的中国生土建筑工艺和当地自然、社会环境相结合而产生的一种特殊产物,是对古代生土建筑技术和艺术的继承、发展和创新,也是汉族文化发源地的黄河中游流域古老院落式布局的延续发展。"夯土版筑技术在客家地区得到这样的发展,也是包括古中原建筑文化的深厚基础、迁徙地的环境和条件等因素在内的。土楼是天、地、人'三才'合一观念的象征,而夯土版筑

技术的传承发展和土楼造型艺术的形成,则是'天时''地利''人和'的产物。"①原中国历史文化名城保护专家委员会副主任、国家文物委员会委员、高级建筑规划师郑孝燮有个精辟的总结:"土楼是福建民居中最典型、最有特色、最引人注目的一种建筑形式。"这种夯土墙承重的规模巨大的楼房,传承跨越漫长的历史时空,其不论是圆形还是方形,都可以在中原地区找到渊源,它们随中原移民由北向南传播,经过千百年的演化,形成防卫性很强的一种民居形式。这种聚族而居的居住形式,是用土墙围合的,墙很厚,像堡垒,而且是一种封闭式的……它成为民族渊源的标识,被长期地保存下来,历史价值十分突出。

第二节
营造土楼的材料、工具与工匠

| 一、营造土楼的材料及其应用 |

营造一座土楼,其主要的材料有土、木、瓦等。泥土用来夯筑承重墙体,杉木用来作柱、梁等木构件和墙筋。

土作为最简单的建筑材料,在古建筑的发展过程中一直扮演着重要的角色。土质直接关系到土墙的耐久性和坚固性。由于受不同地

---

① 林嘉书,《土楼与中国传统文化》,上海人民出版社,1995年。

图4-3 夯筑土墙的土（张军基）

区、不同环境的影响，各地区的土楼建筑用土也有一些差异。闽、粤、赣等地山区以生土为主建造的土楼，使用的土有红壤土（图4-3）和田底泥。红壤土即去除山体表层腐殖质之后的生土，其缩水性较大，夯成土墙易倾斜、走样或开裂；田底泥即耕地下层未被翻犁过的生土，其过于黏硬。这两种土都不能单独使用。为了使土墙夯得坚固、缩水率小、缩小缓慢均匀、少开裂、有较好的韧性等，建造土楼时，要把这两种土调配使用。

生土挖出后一般不直接夯筑，而要敲碎研细，并放置几个月，让其发酵，使其和易性更好，以保证夯土墙的质量。若是发酵不成熟的土，泥水匠师傅会拒绝使用。"配方再好的土，不经发酵成熟，还是不能大幅度地提高土的总体质量，更不能解决缩水的问题。只有经过发酵，成为熟土，才会达到土质充分融合之后的质变，夯成墙后才不致有大的开裂、倾斜。""总的要求是要有利于土墙夯得坚固，缩水率小且缩水缓慢均匀，开裂小且少发生，不怕雨淋，有较好的韧性与防震功能，随时间的推移整体趋于坚硬而不是相反的松散剥落。"①

另一种是以三合土为主营造的土楼。三合土即是黄土、石灰和河沙三者的混合物，它用于建筑的建造上，是中国古代一项伟大的发明。早在公元前7世纪的周朝，中国就出现了石灰，那时的石灰是用大蛤蜊的外壳烧制而成的。据《左传》记载，成公二年（公元前635年），"八月宋文公卒，始厚葬用蜃灰"。蜃灰就是用蛤壳烧制而成的石灰材料。公元5世纪的南北朝时，出现了由石灰、黏土和细沙所组成的三合

---

① 林嘉书，《土楼与中国传统文化》，上海人民出版社，1995年。

土；明代，有石灰、陶粉和碎石组成的三合土；到了清代，除石灰、黏土和细沙组成的三合土外，还有石灰、炉渣和沙子组成的三合土。清代《宫式石桥做法》一书中说："灰土即石灰与黄土之混合，或谓三合土。""灰土按四六掺合（和），石灰四成，黄土六成。"

夯筑土楼的土墙最讲究的也是用三合土，即用黄土、石灰、河沙三种成分搅拌后夯筑效果最佳。其主要做法有湿夯和干夯两种。湿夯三合土的配方中，黄土、石灰、沙的比例为1:2:3，多用于墙脚，所筑土墙异常坚硬，在水中浸泡永久不变形；而干夯三合土则以土为主，黄土、石灰、沙的比例为4:3:3，也可以为5:3:2，多用于筑大型圆形、方形土楼的一层外周底墙，这种土墙虽怕水，但比普通土墙要坚固得多。不管是湿夯还是干夯，都十分讲究土中水分的控制，水分太多了，夯筑时会发生水析现象，土墙不能夯实；水分稍偏多，则墙体不易干燥，且会收缩、变形、开裂；水分少了，则黏性差，很难夯实。在夯筑时必须用竹片或木槌不断地炼打、翻动，让石灰和黄土从生到熟地演化，炼打次数越多、越久，效果越好。在夯墙施工中，依泥水匠师傅的经验掌握，一般拌和的三合土捏紧能成团、抛下即散开，就认为是水分合适。这种三合土夯筑的墙基既可以承载巨大的压力，又可以防水浸泡，有着坚不可摧的防御功能，因此许多土楼历经数百年风雨依然固若金汤，完好无损。

据民间传说，秦代修筑长城时，采用糯米汁砌筑砖石。据《宋会要》记载，南宋乾道六年（1170年）修筑和州城，"其城壁表里各用砖灰五层包砌，糯米粥调灰辅砌城面兼楼橹，委皆雄壮，经久坚固"。明代修筑的南京城是世界上最大的砖石城垣，在重要部位则用石灰加糯米汁灌浆。由此，便有了这样的传闻：土楼营造中夯筑土墙的三合土的特殊配方就是由糯米、红糖和黄土混合而成的，有的还加上蛋清，这是土楼能承载巨大的重量且历经数百年风雨侵袭而不倒的重要原因。据对土楼的实地考察发现，营造土楼过程中，有时会掺入适量糯米饭、红糖、蛋清,以增加其黏性,用于一些关键部位的夯筑,如用于夯筑土楼大门三边外墙,以增加其门周边的坚硬度;砌灶的时候,有时也会掺入一些红糖,以增强土的黏合度,使灶更结实。如果用此三合土来夯筑整座土楼的墙体,根本是不可能的。因为建一座大型的土楼,需要三合土的用量是相当惊人的,在当时生产水平低下、许多山村居民并不富裕的情况下,人们要建一座土楼,可能倾尽所有,且也不可能有那么多的糯米、红糖,甚至蛋清。在那兵荒马乱的年代,鸡、鸭蛋应该算是一种奢侈品,用蛋清来和土夯墙,可能性是极小的。况且掺入糯米饭、红糖、蛋清,时间久了,会对土墙产生腐蚀。在闽西南一带流传着这样一句话"一碗猪肉换一碗三合土",说明三合土的造价是极高的。

　　闽南漳浦、云霄的土楼,由于靠近沿海,其三合土的使用与内陆的永定、南靖、平和等地有些不同,他们建造土楼使用的三合土中的石灰是用泥蚶、血蚶、海蚶等贝类的壳烧成的。贝类壳的主要成分是碳酸钙,将它煅烧到碳酸气全部逸出,即成石灰。有的小贝壳都未经煅烧就直接夯墙。"明代的三合土中,含土量大,混入了大量的未经烧透的海蛎壳,相当一部分海蛎壳完整地保存在墙体中。"[1]夯筑土楼除了需要大量的土外,还需要木、竹、石等。木,以杉木为主。这些材料对于当时处在大山深处的居民来说,取之不尽,用之不竭,即使是经济条件一般的人家,建造土楼也不难。抹壁面和配制三合土必需的石灰,也是用山区盛产的石灰岩烧制的。

图4-4　土楼青瓦

　　土楼屋顶使用的青瓦(图4-4),都是自建瓦窑烧制的。青瓦的烧制十分严

① 王文径,《城堡与土楼》,2003年。

格。首先要选择泥巴,一般选择小黄泥,柔软有韧性。将泥巴里面混杂的石头等杂质清理干净,处理好后变成净泥巴,然后把泥巴放在一个池子里,一边浇水,一边人赶着牛踩,将踩好的净泥巴敷在瓦筒子表面的瓦衣上,使之成瓦片的形状,再将瓦坯子装窑烧制,以保证瓦片的烧制质量。

在过去的千百年间,闽粤赣山区是个比较封闭落后、生产滞缓的地区,当地居民无法受惠于文明世界的成果,因而在营造土楼时,就采用传统的建筑材料,即泥土和杉木。它们来自大地,而土墙倒塌、木材腐朽后又回到土地中去,因此不管人世变迁,多少土楼废圮又重建,对地球和环境既无公害又无污染,与现在的钢筋、水泥或化学原料建成的楼房相比,土楼"源于大地,归于大地,又不污染大地",显示了可持续发展的优势。

| 二、营造土楼的工具与工匠 |

人们在对土楼的高大雄伟、气势磅礴惊叹之时,很难想象它的夯筑工具却是如此简单——全套工具只有墙箍1副,夯杵2根(亦称"舂杵棍"),圆木横担若干支,大拍板1把,小拍板若干把,绳线1盘,鲁班尺(或杨公尺)、短木尺和三角尺、水准尺各1把,铁锤、榔头、铁铲、丁字镐各1把,以及泥刀、竹刮刀、锄头、木铲、簸箕若干(图4-5)。这些工具除铁具外,都是由泥水匠或木匠自制而成的,要求不是很

图4-5 夯土墙部分工具(张志坚)

高。泥水匠只要有这些工具，就可以建起令世人惊奇的庞大土楼建筑。

墙筛以老硬杉木制作，外部略显粗糙，但内部平整。规格一般长1.5～2米，高40厘米，木板厚7厘米，其形状与制砖木模相似。若建造圆形土楼的墙筛，则制成弧形。墙筛的一端为开放的，用硬杂木制成的"墙卡"支撑，成"H"形；非开放的一端以"墙针"固定。"墙针"为两根以榫头固定的模封，这样墙筛能灵活拆卸，任意改变墙筛的内空。内空即构筑的土墙厚度。每夯筑一版即卸开，再进行另一版的夯筑，使用起来很方便。

夯筑土墙的春杵棍，用重实且不易开裂的杂木制作而成，质量5～10千克，长度1.6～1.8米，直径8～10厘米。杵棍两端一头大一头小，中间握手的地方削制成小圆柱形，下端包上铁箍，用于夯打。

大小拍板也是用杂木做成的，大拍板长约1米，小拍板长20厘米、宽约7厘米，都是圆把手，表面油光。作用：毛墙夯成一版后，墙筛一脱开，就用大拍板重拍毛墙两面的墙皮，使墙面表皮硬实；小拍板则用于补墙、修光墙面。

这些简单而又实用的工具，由建造土楼的工匠师傅自带。一般，建一座土楼只请泥水匠师傅和木匠师傅（图4-6）各一人。由师傅带来得力的徒弟或助手，组成泥水木匠班子。泥水匠班子少则5人，多则七八人；木匠师傅大多只带一两个徒弟。帮工多由自家人或亲戚朋友担当，以换工形式为主，大家互相帮助。营造土楼过程中的夯土做泥、确定经纬、垂直、放样，以及解决施工中出现的墙体偏离、缩水走样等技术难题，均由泥水匠师傅全盘负责。

在整个施工中，泥、木匠师

图4-6　木匠师傅（沈荣土）

傅是既分工又合作的关系,他们要高度配合,不能各行其是。如泥水匠师傅开工前,木匠师傅要事先做好夯墙必须安装的一切构件;泥水匠在夯墙时预留用于架设横梁等的凹槽必须与木匠做的木构件吻合,否则工程就无法进行下去。

第三节
营造土楼的程序

客家土楼是在独特的历史文化背景和特殊的自然地理环境下,在长期的生活实践中创造出来的一种分布广泛、数量众多的建筑形式。营造一座神秘而庞大的土楼,除了要进行选址定位外,还要经过开地基、打石脚、行墙、献架、出水、内外装修装饰等工序。各个工序都包含着诸多细致的步骤,每个步骤都要考虑到当地的土壤、地形、天气情况,以及各种材料的属性,并要充分利用力学的一些原理巧妙施工,才能确保一座大型土楼顺利完工。

| 一、开地基、打石脚 |

营造土楼前,要先请风水先生选址定位。风水先生用罗盘算卦,测定好土楼建造位置后,就可以破土动工了(破土一般选择在下半年雨水少又是农闲的季节)。

第一道工序是开地基和打石脚,它是行墙的基础,因为夯土墙建筑其自身具有很大的重量,只有基础牢固了,才能让泥土竖起来,整座土楼才牢固。

开地基前,不论是建方形楼还是建圆形楼,都要根据基地的大小、所需房间的多少,以及财力、物力等,来确定楼的规模、层数和间数。方形楼确定边长,圆形楼则要确定半径。再以门槛和"杨公仙师"(风水先生将杨公仙师符贴在约1米长、10厘米宽的木条或竹片上,竖立在楼基中轴线前端,象征杨公之神位,也标明楼的中轴位置)之间的中点为全楼的中心(图4-7),量出外墙位置,并划出楼的开间和进深大小。如方形楼可以根据设计好的外墙宽度,画好外墙基槽的灰线,这一过程叫作"放线",等于把设计图纸放大到土楼的基础地上。圆形楼沿中轴线定出圆心后,用绳子绕圆心画出内、外墙的位置,再根据设计好的外墙宽度画"灰线",这样就可以挖槽筑基了。

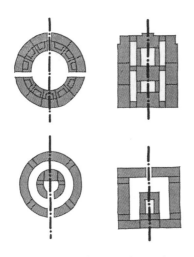

图4-7 确定中轴线(黄汉民)

开地基俗称"挖石脚坑",地面以下的基槽称"大脚",地面以上的墙脚、腰壁称"小脚"。大脚坑的宽度一般比小脚坑的宽度大一倍,深度则根据楼基地的土质与楼高而定。楼高3层以内,基坑要挖30～60厘米深,要挖到实土为止。如果遇到烂泥田或者松软的土质,要打下密密的松木桩或用填巨石等办法固基,然后才在坚实的地基上砌石基,以此加大基底的受力面(图4-8)。

基槽开挖之后,开始垫墙基、砌墙脚,叫

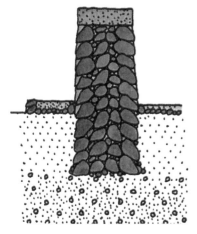

图4-8 地基处理(黄汉民)

"打石脚"。打石脚通常用直径五六十厘米
的鹅卵石垫底,方楼的四角则用整块的巨石
垒砌,以确保屋角地基的稳定。石缝中填以
小石块,使其相互挤紧牢固。墙基砌至室外
地平线后,开始砌墙脚。墙脚用鹅卵石或块
石干砌,内、外两面用三合土勾缝(图4-9)。
如果是临河宅地,在打石脚时还要在块石之
间灌注石灰浆,楼基砌好后填土夯实,然后
再砌地面的小脚。小脚通常砌0.6~1米高,
在常遇水患的地方,墙脚要砌得高过最高洪
水位。

图4-9 土楼石脚

墙脚通常用鹅卵石或毛石垒砌,砌法很有讲究,即:鹅卵石的放置
要大面朝下,小面朝上;大头朝内,小头朝外;大石在下,向上逐渐收
分,分为内、外皮,中央再填入小石块。同时还要用泥灰勾缝或用三合
土湿砌,这样墙脚更加稳固,既可防潮,又不容易被人从墙外撬开,对
确保楼体安全、防止盗匪侵袭都有重要作用。

在闽南的漳浦等东南沿海地区,布满了海蚀性花岗岩带,岩石资
源丰富,故漳浦县许多民间营造的土楼都采用岩石作地基,上面再夯
筑土墙。有的土楼一层也砌岩石,二层以上才用夯土。建于清嘉庆五
年(1800年)的瑞安楼,则一层、二层用条石构筑,三层才用三合土
夯筑。

砌好石基之后,必须经过半个月时间才进入最为关键和复杂的夯
筑土墙工序,俗称"行墙"。

事物总是在探索中创新、在创新中发展的,土楼的营造,也是在不
断变化完善中走向成熟的。从调查中发现,闽西南地区明代时期营造
的土楼,有许多就无开地基、打石脚工序,而是从地面直接用三合土精
心夯制台基,把一座"庞然大物"垒建起来的。由于三合土本身的强

度,即使水土流失,地基以下的部分被掏空,基础悬空,土楼也不会坍塌。[1]

没有石彻地基的土楼(图4-10),台基是高出地面的建筑物底座,又称"座基"。为使其更好地防潮、防腐,承托建筑物,古人会用鹅卵石将土台包砌起来,形成石制台基,起到保护台基的作用。

永定区下洋镇初溪村中已列入世界文化遗产名录、建于明永乐十七年(1419年)的集庆楼,就是一座无石砌墙基的两环圆形土楼。该楼占地面积2 826平方米,楼直径66米,高4层,底层墙厚1.6米,后人在墙外表用鹅卵石加砌1米高的单层石脚(墙裙),以防外墙被屋檐水浸

图4-10 无石基土楼(张志坚)

溅。南靖县书洋镇曲江村已列入世界文化遗产名录、始建于明嘉靖二十八年至三十二年(1549—1553年)的朝水楼,是河坑土楼群中最早的土楼,也是座无石砌墙基的方形土楼。该楼占地面积729平方米,建筑面积1 890平方米,高3层、11.3米,楼底墙厚1.66米,建楼时也是在土楼的底墙处用鹅卵石镶嵌1米高用于防水。漳浦县的下圩楼、雀埔楼、贻燕楼,也都是无石基土楼。

二、行墙

墙脚砌成,待壁面三合土干固后,就可以开始支架模板夯筑土墙,这道工序称为"行墙"。它是整个土楼营造过程中最难的一步。

---

① 王文径,《城堡与土楼》,2003年。

夯筑第一版墙时,要在土墙与墙脚交接处,用小拍板拍打成折角。一般一版墙高0.4米,分4伏土或5伏土,由两人站在墙垛上使劲、反复夯筑(图4-11),每版墙上泥的夯筑次数在4～9次不等,越往上夯筑的次数越少,以夯实为前提。

图4-11　夯筑土墙(张军基)

每夯完一伏土,都要放入墙筋,即水平放置2根长约2米的竹片或杉木枝条作为"墙骨"(图4-12),以增强墙体的牵引力和承受力,确保土墙不倾斜、开裂。若夯筑方形土楼,还要在转角处放置较粗的杉木,交叉固定成"L"形作墙骨,以增加墙体整体性。每夯一版前都要在墙枋两端的挡板上吊铅垂,以保证墙体垂直。

通常一天行墙一周,行完一周行第二周时,必须反方向进行,即正反方向轮流夯筑,这样墙体才更加牢固。同时要在已夯好的墙上洒些水,以使上下周之间的墙体能够夯合。而一般夯筑完一层,要停工半年时间,待其土墙干了、坚硬了,才再夯筑上一层。

夯筑土墙分两个阶段:第一阶段

图4-12　置墙骨(简荣伟)

是先沿宽度和长度两个方向，每隔八九厘米舂一个窝，每个窝连续舂两下，称"重杵"，使土相互黏结。第二阶段是要在夯筑的毛墙还未被风干之前进行修墙、补墙。"因为无论夯得多么结实，其墙面也是粗疏多孔的，会在极短的时间内干燥，缩水过程极快，易崩裂、脱剥，经不起风雨和震动。未过大板的毛墙，用脚轻轻一蹬，往往就会崩角；而过大板后，墙表3～7厘米厚的一层壁面密度极大，可大大加强墙的坚固耐久性和防潮性能。"[①]在修补墙面时，首先是过一遍大板，用大拍板把墙体拍击结实，若毛墙过厚或移位，要用泥铲先除去一部分，再用大拍板拍实；其次是以细泥修补墙面，用小拍板拍光，使墙面更加光洁、平整，这样不仅使版层间的接缝弥合得更好，而且增加了墙面的美观效果。经过大板拍击、小板过光后，土墙坚固异常，具有良好的防风雨侵蚀和抗震等性能，因此这是一道必须要做的工序，也是一堵1米多厚的土墙能筑起一二十米高的大楼的重要原因。

图4-13　逐层收分（[法国]艾德蒙）

每一座土楼的墙体都是下宽上窄，这是因为在夯筑土墙时，为了减轻上一层墙体的重量，使土墙的重心下移，厚度1米以上的土墙从第二层开始，朝向天井的一面要一层一层地减薄，这叫"收分"（图4-13）。每层收分10～15厘米，收分的断面正好与楼层木龙骨齐平，并在这里挖出搁置龙骨的凹槽。通过收分，保障土楼整体稳定性。另外，还要有

① 林嘉书，《土楼与中国传统文化》，上海人民出版社，1995年。

意识地让墙倒向背阴的一侧,因为朝太阳一面干得快、收缩快,而背阴的一面干得慢、收缩慢,不这样的话墙体就会向朝太阳的一侧倾斜。方形土楼的前、后墙宽有特别的讲究,其后墙一定要比前墙宽10厘米,平面要前小后大,不能前大后小,这也反映了土楼人家聚财进宝的心理要求。

客家土楼一般底墙厚为1.2～2.0米。像南靖县怀远楼,其外墙总高13.5米,底层墙厚1.3米。若按宋代《营造法式》的规定营造这么高的土楼,则底层墙厚要做到4.1～4.3米。客家土楼如此薄的土墙能达到坚固的要求,说明从地基处理、夯土墙用料、墙身处理及夯筑方法方面都积累了宝贵的经验。

| 三、献架 |

行墙完毕只是完成了一座土楼的"外部",还要进行"内部"的立柱、架梁、铺板等木结构程序。

在营造中,每当把土墙夯到一层楼高时,都要先在墙顶上挖好搁置楼板梁的凹槽,然后由木工开始竖木柱(图4-14)、架木梁,这道工序称为"献架"。其做法是木梁的一端直接架在外墙挖好的小槽中,另一端由内圈竖起的木柱支撑,内圈木柱之间架横梁,横梁上支架若干"龙骨"。"龙骨"的另一端支架在外墙上挖出的槽内(需适当抬高,土墙收缩后才能与楼板面保持水平),

图4-14 竖木柱(沈荣土)

"龙骨"上再铺木楼板(土楼人叫其"棚"),"土楼的楼板都是3厘米以上的厚杉木板,承接楼板的木梁俗称'棚枕',一间5根或5根以上之单数,如7根、9根,这是铁定的规律。忌双数是客家民俗的一项突出表现,建筑尺寸与用材尺寸和数量为单数是建造土楼的规矩"①。楼板向上一面要刨光,所铺楼板要留一片板的空位,等过了一年楼板缩水确定后,才装上最后一片板。

土楼的木构件,如楼板、门窗框、门窗板、屏扇木墙等,都用竹钉固

图4-15 安梁(沈荣土)

定,以确保楼板紧密。竹钉需用硬皮的老竹头制作,并放在热沙子里炒至干老变黄才会干燥、耐久。

土墙夯筑到第三层时,在支撑二楼的柱子上竖起支撑三楼的柱子,并在其上面架横梁与"龙骨"(图4-15)。

图4-16 铺瓦封顶(黄汉民)

四、出水

土楼的墙体全部夯好,各层献架完成,便开始封瓦顶,这道工序称为"出水",即屋面处理(图4-16)。

中国古代建筑在形态上的显著特征就是大屋顶,主要有庑殿、歇山、悬山、硬山、攒尖、

① 林嘉书,《土楼与中国传统文化》,上海人民出版社,1995年。

卷棚等形式。这种大屋顶的处理显得稳重协调,屋顶中直线和曲线巧妙地组合,形成向上微翘的飞檐,不但扩大了采光面,有利于排泄雨水,而且增添了建筑物飞动轻快的美感。

"建筑作为一种文化的载体,在不同建筑类型中,我们既看到了中国传统建筑千变万化的屋顶艺术之美,还可以从其各自承担的精神与特质功能作用之中,感受到社会经济、宗教伦理、环境气候、生产技术和民俗风情等因素,对于传统建筑屋顶艺术发展定势的直接影响和潜移默化的蛛丝马迹。"[1]客家土楼在总体布局、建筑体形、空间处理及装饰上,由于受各地区自然与人文环境的影响,呈现多样化的面貌,尤其体现在土楼屋顶样式的变化上,使其具有独特的时代特征与文化个性,再现了人们文化心理与审美情趣。这种大屋顶形态,构成了壮丽的人文景观,倾诉着土楼子民的思想情感。

客家土楼的屋顶样式主要有歇山顶、悬山顶、硬山顶等。

歇山顶,其造型特征是前后两坡,由正脊、四条垂脊、四条戗脊组成,又称"九脊顶"。"九脊顶通常都是八步架八椽进深,出檐两椽,回廊两椽,楼身即墙内四椽,用九根檩条,每根檩条下置一童柱,用穿梁置于大梁之上。"[2]屋面出檐巨大,大的超3米,小的也有2米以上。屋顶的屋脊曲直有致,变化生动,不但具有丰富的装饰美感,而且有朴实雄伟的风格和气度。如南靖县的和贵楼,瓦屋顶坡度平缓,出檐达3.3米,后高前低,九脊顶随之高低错落,不但显得格外壮观,视觉效果和谐一致,而且有效地防止了雨水对外围土墙的侵蚀。

悬山顶,是"人"字形屋顶的一种形式,其特点是前后呈两面坡状,左右屋檐伸出山墙之外,悬架于山墙之上,包括一条正脊、四条垂脊。悬山顶两山际出檐深远,加上檐角起翘,使得大屋顶"反宇飞檐"的造型尤显轻灵而舒展。闽、粤、赣地处亚热带湿热地区,气候温暖湿润。

---

① 汤德良,《屋名顶实》,辽宁人民出版社,2006年。
② 林嘉书,《土楼与中国传统文化》,上海人民出版社,1995年。

民间住宅大量使用悬山顶式"人"字形屋顶，其做法是正脊末端高扬，做成燕子脊，出挑深远，屋顶上几乎找不到一条直线，既庄重又灵活，充满艺术美感。采用悬山顶，有利于对墙面和屋基形成保护，因此也被客家土楼广泛使用。

硬山顶，是"人"字形屋顶的另外一种形式，形制与悬山顶有些相近，其造型特征是前后两坡，左右的屋檐与两端的山墙头平齐一致，山面裸露而缺乏变化，外形显得比较朴素与刚直。

五凤楼的典型形式是"三堂两横"，以主楼为中心，歇山屋顶与悬山屋顶高低呼应，错落参差，檐端平直舒展，保留了较多的汉唐风格。方楼的平面呈方形或接近方形，有的屋顶两侧带歇山顶，有的四面合围，或前排屋顶低于后排屋顶，出檐较深。圆楼的两面坡，屋顶内檐出檐比外檐短，外檐出檐可超2米，叫"前戴斗笠后披蓑衣"，目的是防止雨水打湿外围土墙。

客家土楼的屋顶木构架通常用"穿斗"与"抬梁"相结合的方式，架梁上搁檩、椽和望板，望板上直接铺瓦（图4-17）。瓦片层层叠叠地铺在屋顶上，形成有利于空气流通的缝隙，使得整栋土楼冬暖夏凉。

客家土楼瓦屋面（图4-18）的坡度通常为4.5：10或5：10，当地称"4.5度"或"5度"。圆楼在铺瓦顶时，由于屋顶外坡向

图4-17　屋架处理

图4-18　土楼屋面

外伸展较长,其周长较大;而内坡越往内周长越小,所以要采取"剪瓦"的方法来处理,即每铺若干陇,内坡要减瓦陇,外坡要加瓦陇,只要调整一两条瓦陇,将少数板瓦稍作剪裁,就可以适应圆形土楼屋顶弧形变化的要求。盖瓦时,瓦沟的瓦曲弓面向下,覆盖瓦片由檐口盖起,多用"压七露三"的方法铺瓦。为防风雨掀翻屋瓦,瓦顶上还要压上一排排砖块。屋脊及瓦口要垒若干块瓦,以增加瓦口的厚度,这样可避免风吹或物击造成瓦口漏缺;同时要抹一层熟石灰泥固定,使其更不容易漏水。

因为在土楼山区,雨季时间较长,这种屋顶适合排水,不会有积水,不会对下面的土木结构造成影响;另外,因为屋瓦是由土烧制而成,时间久了会因热胀冷缩而裂开,因此每隔几年要重新整理一遍,换掉坏瓦,同时将瓦上积累的灰尘扫掉,以防雨季积水而造成漏雨。

| 五、装修 |

土楼封顶之后,要进行内、外装修(图4-19),内装修包括装楼梯、铺楼板、做楼栏与隔扇、装天屏、安门窗以及室内木质装饰和祖堂装饰等,由木匠师傅完成;外装修包括开窗洞、粉刷窗边框及内外墙、砌水沟、铺天井及走廊、安木窗及大门、做厨房灶头、修台基及石阶等,由泥水匠师傅完成。装修一般需要一年时间,因楼内各家经

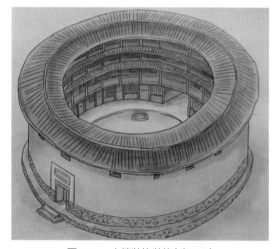

图4-19 土楼装饰装修(黄汉民)

济情况等不同,也有花更长时间的。这样,一座大土楼从开地基到装修完工,至少要花四五年时间。一个族群、一个家族的故事就在这土楼神奇的营造过程中,不断延续着。

第四节
土楼内部空间格局

图4-20　内通廊式圆楼内院

① 王文径,《城堡与土楼》,2003年。

| 一、内通廊式 |

中国建造内廊环绕的建筑历史悠久。"根据出土资料,距今4 000多年前的河南偃师二里头商代宫殿遗址,在8开间的建筑平面上已经出现了内廊环绕了,汉代墓葬中经常出土的陶楼模型也基本都有环楼回廊,说明至少在汉代就有楼阁建筑并普遍出现环形通廊了。"①

在众多的客家土楼中,内通廊式格局(图4-20、图4-21)是一种

图4-21　内通廊式方楼内院（简银蕉）

主要的建筑形式，以闽西南的永定区、南靖县一带居多。这种建筑形式的土楼，住户拥有从底层到顶层的单元，每座土楼有四五部公用楼梯，从二层以上，各房间门前设环形走马廊，使用公共楼梯上下。由于内通廊式土楼每家每户的走马廊都是相通的，展现出开放与共享的个性，使得土楼的私密性较差。这种个性与功能的土楼民居，由于突出防御盗贼匪寇的灵活度，也就颠覆了中国传统民居强调的辈分伦理、尊卑有序的家族宗法观念。

最典型的内通廊式土楼是漳浦县深土镇锦东村的锦江楼（图4-22）。这是一座三圈内通廊式土楼，楼内圈建于清乾隆五十六年（1791年），中圈建于清嘉庆八年（1803年），之后后世又续建外圈。内圈平面直径25米，高3层，前部门厅主楼为4层。二楼为木结构内向通廊，三楼全圈无隔间，内侧以木柱承重，设18组梁架，梁架作穿斗式，正南间为上下楼梯间，梯道直通第四层主楼。主

图4-22　内通廊式的锦江楼（冯木波）

楼设左、右两个小门，通过小门可通第三层楼顶。楼顶为双坡顶，外墙高于屋顶，作女墙式。内侧和楼顶中脊均铺设大砖，可供人行走。中圈平面直径42米，高2层，前门厅楼为3层，24开间，其中正南一间为门道。外圈平面直径58米，双向坡顶，为单层36开间，楼门前有15米宽的通道，铺设3层砖埕，埕前设戏台、水池。远远望去，锦江楼就像是一座金字塔，这种独特的建筑形式，在闽西南土楼中是仅有的，具有极高的美学价值。

最大的内通廊式圆形土楼是建于1937年的南靖县书洋镇石桥村顺裕楼，该楼楼体直径86米，高4层、16.9米，每层72开间，4部楼梯分布于四方。最小的内通廊式圆形土楼是建于明代嘉靖年间的南靖县南坑镇新罗村翠林楼，该楼外墙周长仅30米，内径仅9米，楼高3层、8米，每层12个房间，共36间。

内通廊式方形土楼的典型代表是龙岩市适中镇建于清乾隆四十九年（1784年）的典常楼。该楼为内包外联式方形土楼，面阔39.25米，进深64.12米，分前、后主楼，前楼2层，高6米，后楼4层，高13.6米，前、后主楼均设3个大门，前、后主楼由两个侧门相连。中轴线上为前楼大门、天井、侧道、后楼大门。前楼中大门的两侧各为三间一厅一侧院，置4部梯道。后楼大门的两侧各为三间一厅建筑。内天井设有中堂，与楼内上、下堂形成完整的三堂屋。中堂为2层，前后环以廊屋，形成前大后小、前方后扁的庭院，中堂两侧院中置纵、横厨房小屋，分隔成两纵四横小庭院。楼内每层用回廊相连。

| 二、单元式 |

单元式土楼主要分布在福建省的平和、华安、云霄、诏安、漳浦等县，以及广东省大埔、饶平、潮安等县。其中，福建省平和县300多座圆楼绝大多数都是单元式,广东东部乡镇的土楼也绝大多数是单元式。

单元式土楼的建筑年代大多相对晚于内通廊式土楼,可以说是土楼建筑不断走向成熟的标志,是一种较为完善的居住形式。其建筑特点是各层没有连贯各户的走马廊,内部分割为一套套垂直单元,除了底层的走廊及天井等公共空间外,各单元有独立的门户、庭院和上下楼梯。在功能上,这种结构对土楼整体的防火起到了一定的作用。如一单元着火,由于单元之间采用防火砖分隔,不易殃及其他单元的楼房。这种单元式土楼不仅体现了群体生活的公共性与居家生活的隐私性,而且向人们展示了汉民族传统民居那种空间布局的伦理秩序和礼教仪规。

马来西亚的陈漱石教授在其《情牵土楼》一书中写道:福建博平岭东南漳州地区除内通廊式圆楼、方楼外,更有多彩多姿、各具特色的单元式土楼及巨型单元土楼城庄,它们充分展现出北方汉族移民族群与南方原住民百越族群融合后的漳州民居绚丽的文化底蕴。

永定区下洋镇初溪土楼群中的集庆楼(图4-23),建于明永乐年间(1403—1424年),是永定现存圆楼中年代久远又结构特殊的一座土楼。双环的集庆楼,用72道楼梯把整座土楼分割成72个独立的单元,也就是从一楼到四楼,每户各自安装楼梯,各层通道用木板隔开,只

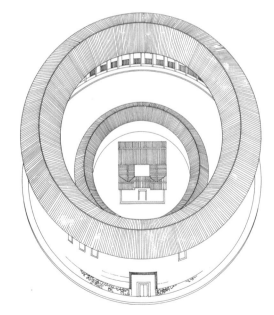

图4-23 单元式的集庆楼轴测图(摘自国家文物局福建土楼"世遗"申报文本《福建土楼》)

在门厅设一架公共楼梯。

　　位于福建九龙江中下游的华安县,其60多座土楼中绝大多数是单元式土楼。有确凿纪年的圆楼齐云楼(图4-24)、升平楼等,都是单元式土楼。齐云楼建于明万历十八年(1590年),是一座中型椭圆形土楼。它坐落在华安县沙建乡岱山村,依山而建,楼高两层,底墙厚1.5米,东西直径62米,南北直径47米,楼高7.6米,层高2.6米。门厅中有一部公梯,除门厅外无其他公厅。这座双环式土楼共有26个单元,各单元有独立的门、厅、天井、楼梯。单元的开间数与房间面积不像别的土楼那样均等划分,小单元无中厅,每层只有一间或两间,每家有二至四间房;大单元采用标准小五凤楼中轴两堂式平面,其开间比小单元的多一倍。各单元的木构廊道也不同,小单元不出浮栏,大单元二楼向天井出浮栏。齐云楼不一致的单元设计,值得人们深入探究。

图4-24　华安齐云楼(林艺谋)

　　平和县九峰镇黄田村建于清康熙辛酉年(1681年)的龙见楼,是土楼中典型的单元式圆楼。其外径82米,环周50开间,设一个大门。每个开间为一个独立的居住单元,有独用的楼梯上下,单元之间完全隔断,互不相通。各家均从设在内院一侧的门口入户,标准单元呈窄长的扇形平面,门口处面宽2米,靠外墙处宽约5米,单元进深21.6米。每个单元的平面布局相同,进门口后依次为前院、前厅、小天井、后厅和卧房,卧房共3层。楼中央直径35米的内院用河卵石铺砌而成,是公共活动空间。这座土楼合理的布局,既保证了每一住户的私密性,又保证了楼下充足的光线、日照、通风,适应了楼内居民的居住要求。

平和县九峰镇黄田村建于清乾隆三十五年(1770年)的咏春楼,是一座方形的单元式土楼,高3层,楼宽75.54米,进深77.8米。该楼背后的两个方角处修成圆式,形成前方后圆的建筑形式,当地人称其为"半月楼"。祖堂设在中轴线西端,正对入口。堂前由前厅、侧廊围绕小天井组成独立的院落。全楼共36个单元,布局活泼,迂回曲折,别有情趣。

| 三、通廊式与单元式组合 |

人们在千百年的生活中,还独创了一种通廊式与单元式兼具的土楼。这种混合体土楼的好处是,它不但避免了内通廊公共性的缺点,又消除了独门独户给人带来的恐惧感。

华安县仙都镇大地土楼群中的二宜楼、南阳楼,都是通廊式与单元式兼具的土楼。二宜楼是我国圆形土楼古民居的杰出代表,素有"国之瑰宝"之美誉,它以通廊式与单元式兼具的建筑空间格局而独具特色(图4-25)。该楼建于清乾隆五年(1740年),落成于乾隆三十五年(1770年),坐东南朝西北,占地面积9 300平方米。底层外墙厚达2.53米,内、外两环,外环高4层,内环单层,外径73.4米。整座楼分为12个单元,其中8个单元均有独自的楼梯上下,另外4个单元设共用的门、梯道及厅堂。除门、厅、梯道外,12个单元共有房间192间。内环平

图4-25 通廊式与单元式兼具的二宜楼

房为"透天厝",设厨房、餐厅;外环每单元每层各4间,顶层的外侧将墙
体减薄,设1米宽的隐通廊。通廊与各单元祖堂均开门相通,向外设观
察、射击窗56个,枪眼23个,构筑了古代战略防御体系与居住空间完
美结合的典例之作。其楼层的内圈也设走廊,单元之间有门相通,门
开启,全楼内圈走廊可以环行;门关闭,则各单元自成一体。进入单元
内是入口门厅,内外环楼之间连以过廊,围合出单元内的小天井,过廊
与天井之间以透空的木隔扇分隔。外环楼的顶层中间是大空间的祖
堂,由各户单独设置,这也是二宜楼特有的布局。这种单元之间既有
分隔又有联系的平面布局形式,在客家土楼中也是凤毛麟角的。

　　建于清嘉庆二十二年(1817年)的南阳楼,是一座圆形土楼,楼高
13.25米,直径51.6米,设4个单元,各有楼梯上下,每个单元均为7开
间,包括门厅通道在内,全楼共有房间96间。二层、三层筑通廊,单元

间只设木门分隔。通廊木门开,则两个单元相通,提高了灵活性。三层筑有隐通廊,隐通廊宽为1米,内沿筑木壁,筑有木门,危急时相互为援。

漳浦县石榴镇象牙村建于清光绪二年(1876年)的垂裕楼,即埔尾楼,楼平面为正方形,边长36米,楼高3层,有20个独户单元。二层作木构内通廊,人可以从门旁公共楼梯或各单元的梯道上楼。该镇石榴自然村始建于清乾隆十三年(1748年)的均和楼,设计独特,也是单元与内通廊式兼具的双环圆楼,内环是通廊式,外环则是单元式。云霄县和平乡宜谷径村的树滋楼,建于清代乾隆年间,单环,3层,直径50米,也是通廊式与单元式相结合的圆形土楼,楼内共28开间,每个单元自备楼梯上下,三层设内通廊。

第五章
客家土楼的文化积淀

第一节
营造土楼及乔迁新居的
民俗礼仪

建筑是创造者所拥有的文化模式和精神、心理的艺术体现,反映着人类生活及其他活动的态势。土楼是一个生产、生活、学习的综合体,在很大程度上和很长时间内都是土楼先民防御外来侵犯、抵御自然灾害、饲养家畜的场所,也是土楼先民长期的精神象征与寄托。因此,先民在营造土楼时,更加讲究民间习俗礼仪,他们始终认为:只有按民俗礼仪营造土楼,土楼人家才能日益兴旺。

│ 一、营造土楼的习俗 │

营造土楼,除了要选择地理位置外,动土、行墙及土楼营造完工后的谢土,每一道工序都很慎重,都有许多讲究。永定区客家先民还把"土楼建筑的整个工序比作上一代人的美好愿望和下一代人的生活历程:开石脚象征儿辈订婚、结婚,放'五星石'(奠基)象征儿媳身孕,上墙枋象征孙儿出世,行墙、竖柱、献架象征儿孙逐渐成长,上中梁象征儿孙加官晋爵,装修后乔迁新楼,则象征儿孙升迁赴任。因此每个施工环节都要举办礼仪牲祭和筵席"[1]。

---

①《永定土楼》编写组,《永定土楼》,1990年。

土为五行之首，土生万物，动土对土神多有不敬，而且动土施工也破坏了环境周围的五行循环，所以动土挖基前，要择一个干净吉利的日子在楼后竖一个"杨公神位"，每月农历初一、十五日由楼主去烧香化纸，至完工谢神为止。

传说，杨公即鲁班。鲁班是我国春秋时鲁国的巧匠，是工匠业崇拜的对象，并且进入道家的仙谱，深刻地影响着工匠们。竖他的神位，意在保佑营造土楼的木工、泥水工、小工平安，顺利把土楼建成。

有的还请来风水先生，举行制煞仪式，以洁净建筑工地。制煞时，风水先生手握七犀剑，斩杀雄鸡祭告天地，以鸡血点杨公符。动工时，要择一个良时吉日进行清基，首先从楼的大厅位置开始；然后再择一个好时辰，在中轴线后端的大墙石基沟内放置"五星石"（即金、木、水、火、土），排列时要做到五行不相克。按照空间概念来看，东方属木，南方属火，西方属金，北方属水，中方属土，因此放"五星石"时，土居中，木、水置左，金、火置右，曰：金不怕火，水木相溶，土生木，木生金。放"五星石"时还要杀一只小公鸡，将鸡血滴在"五星石"上，意为割红制煞驱邪，洁净宅地。楼主要给砌石基师傅准备红包（内包双数的钱币，如12元、24元、36元不等），师傅要跟楼主说"财""丁""贵"之类的好话以示吉利。同时，楼主还要送一条手巾给师傅。完成这些仪式后，才可以开始砌石基。

行墙是建造土楼的主要工序，开版行墙前一天，楼主要请泥水匠、木匠师班子及风水师等吃动工宴、喝动工酒。行墙要择良时吉日，杀一只小公鸡，将鸡血置在"筛头"上，并燃放鞭炮，以图行墙顺利；同时要舂糍粑做点心，意为用糍粘墙，墙更牢固。当墙夯到第二层时，要择良时竖木柱，此时所忌属相的人不得靠近或参与。竖柱从大厅开始，要贴红对联、放鞭炮，楼主还要打糍粑、杀鸡鸭、办酒宴，请工匠和小工等吃酒，庆贺工程顺利。二层以上行墙，竖柱不用择日子，但上中梁（大厅上）则要择良时，中梁还要用一块红布钉在中间，也可以用红纸代替,红布或红纸上写有喜庆吉语"卜云其吉,奠厥攸居,吉星高照,福地呈祥,竖千年柱,架万代梁,旭日悬顶,紫微绕梁"等,有的还在柱上挂对联"三阳日照平安地,五福星临吉庆家",还要燃放鞭炮,以示庆贺。最后一层楼土墙夯完,要卸下墙筛,上屋面中梁时,楼主除了要办酒席、煮红汤圆宴请木匠、泥水匠、平时帮工及亲朋好友外,还要择一吉日良辰,立一香案于中梁下,备列五色钱、香花、灯烛、三牲、果酒,供养之仪,匠师拜请三界地主、五方宅神、鲁班三郎,匠人的丈竿、墨斗、曲尺等,放于香桌米桶上,烧香秉烛,祈求神明保佑居住者永远吉昌。

木匠师傅在钉椽木时要掌握两个要求:一是钉椽木的片数,一般以大厅为准,按照风水的规矩,片数以"天""地""人""富""贵""贫"为据,循环计算,不能落在"人"和"贫"字上,即钉"天"钉"地"不钉"人",钉"贵"钉"富"不钉"贫"(以房间内能见到的片数为准)。如果钉在"人"和"贫"上,宅内人口就难保平安。二是房前椽要比房后椽短6～10厘米,叫"前戴斗笠后披蓑衣",目的是防止雨水打湿外围土墙。

楼瓦盖好之后,一座楼就"出水"了,楼主要再宴请工匠喝一次"出水酒",以庆谢楼成,并焚烧杨公符,送神灵归天。

营造土楼是一项庞大的工程,需耗费一个家族许多财力、物力,因此楼主对土楼的质量倍加重视。他们对工匠的招待往往不敢怠慢,生怕他们在营造过程中做一些巫术,使土楼不好住人。南靖县下版村的裕昌楼,三层以上的梁柱都从左向右倾斜,据说就是楼主对木匠招待不周,木匠做了"手脚"留下的后果。为保证土楼的质量,楼主每天要给泥水匠和木匠准备三餐伙食与两餐点心,农历初一、十五日或初二、十六日还要加菜,若过年还要加餐,竭尽全力予以招待。

一座土楼营造完工后,要进行"谢土"、祭祀"土地公"仪式。旧时民间认为,所有的土地都由"土地公"掌管,要动土,必先得到"土地公"的认可,所以土楼建成后,一定要感谢"土地公",并希望"土地公"赐福于主人。另外,谢土也有超度动土伤害的生灵之意。

谢土首先要由风水先生事先择好吉日良辰，主人家则要准备好谢土需要的太极金、寿金、四方金、福金等纸钱，蜡烛、香、花、香炉及红圆、五果、糖果、清茶等祭品。将供桌及贡品摆设于楼外，面朝外，点燃香烛，由法师恭念《谢土祈安文疏》，念完后由主人家焚香、鸣炮、烧金纸，以谢"土地公"在建楼期间的庇佑，并祈请日后继续庇佑家人平安、事业兴旺。

信仰仪式伴随着土楼营造过程的始终，可以说每一道工序的起始既是土楼建筑的关节点，也是营造仪式的时空显示。这些仪式从不同侧面体现了信仰的内涵及其历史传统，映射出中国人的生命意识和原初的科学技艺精神。

二、砌灶习俗

图5-1 土楼灶台（张志坚）

"民以食为天，食以灶为先。"灶台，与人类生活息息相关，是人们日常生活中必不可少的重要组成部分。

灶的作用是生火烧煮食物，它在土楼先民的心里占有非常重的分量。自古以来，土楼先民对灶就有崇拜情节，认为它掌管着一家人的温饱和安康，并且相信灶头旺就意味着日子旺、家业旺。因此，一座土楼修建好后，各家各户会满怀欢喜地请泥水匠师傅来"打灶头"（图5-1）。

灶头的方位是严加考究的。土楼人认为："灶门向西，向戌亥方者，主散财；向南方者，主口舌、争斗；向北方者，主病灾；向东方者，主福禄；向辰巳方者，主家业昌盛、子孙吉祥。"除了方位之外,还有一些禁忌是不能触碰的,比如灶门不能正对着厨房的大门以及灶后的窗,风水学认为灶门正对门口以及窗口皆不吉,会招来厄运;灶门也不能面向井,因为水火相克,家中会有祸事发生,或出生破相之人。灶门朝向关系到一家人的财运、平安、身体健康等。此外,灶与窗户也有讲究,若人影落在锅里,有把人煮了之嫌;还要求楼板的木梁不能正对锅的上方,此称"锅中不能压梁"。

在土楼先民的传统观念里,"打灶头"事关重大,开工前要请风水先生择吉日良时,也就是要配合主人的流年生辰八字进行推算,以确定开工的日子与时辰。开工时要杀一只公鸡,并在灶位中间放置油灯,在灶位四角埋下五样食物(稻、麦、豆、薯、菜)的种子和钱币,同时要洒鸡血(挂红)、燃放鞭炮后,才开始砌筑。

灶台有横体灶、直体灶和多边形灶之分;灶眼有单眼、双眼和多眼之分,具体可细分为单锅独灶(单眼单锅)、双锅灶(单眼双锅)、多锅灶(单眼多锅、两眼多锅)等。其大小、形制则根据每家每户各方面的条件来进行设计。灶台铺面大多选用石灰等材料。灶台高度一般控制在70～80厘米。

砌灶过程中,厨房要加门帘,不能让其他人进去,甚至连砌灶用的砖也要遮盖严实。灶台砌筑完工后要举行点火入灶仪式。点火入灶需事先择好吉时,一般在黎明开始,由长辈提灯或执火把在前,男主人挑饭甑或米缸在后,主妇挑着厨房炊具,小孩各取自需物件紧随在后。全家大小列队行进,鸣炮入宅。火要烧得特别旺,讨个"好彩头";锅中要爆米花,表示"发财"。随后在锅中煮"红汤圆",并举行请灶神仪式。

灶神的信仰与中国的传统文化密不可分。在道教的神仙品格中,灶神被封为"九天东厨司命太乙元皇定福奏善天尊",身居奏善宫,掌管人间赏善罚恶之事。《敬灶全书·真君劝善文》云:"灶君乃东厨司命,受一家香火,保一家康泰,察一家善恶,奏一家功过。每逢庚申日,上奏玉帝,善恶簿呈殿,终月则算。功多者,三年之后,天必降之福寿;过多者,三年之后,天必降之灾殃。"土楼先民请灶神时,要摆放果蔬鱼肉等焚香祭拜。每到农历十二月二十四日,还要摆上三牲(鸡、猪、鱼肉)、灶糖(麦芽糖)、灶饼,倒上老酒、清茶等,然后点蜡烛、敬清香、放爆竹,谓之送灶神上天。目的是要塞住灶神的嘴巴,让他上天时多说些好话,把坏话丢一边。

三、乔迁新居习俗

土楼人"入新屋",也叫"新屋进伙",是件值得庆贺的事。因为盖一座大土楼,耗时几年,已成土楼人"长久的等待",终于等到可以"入新屋",土楼人除了满心欢喜外,还要请道士做"出煞"仪式。土楼人认为,新屋若没"出煞",定有灾煞作祟,住了不安宁。

"出煞"就是由道士手持红执剑,口念咒语,并用刚杀的生猪在土楼的底层通道上拖动,让其血洒四处,以"赶煞驱邪",并告各种"孤魂野鬼",不得滋扰楼内居民。杀猪人要大声说逐煞话:"天煞天边遁,地煞地下逃,岁煞下江河,白刀一刺,百煞全巫(无)。"

仪式做完后,迁居的良时一到,全家人要按辈分、年龄大小排队,长辈在前,晚辈在后,每人手中都要拿着东西,如灯盏、火把或家庭日常用品,热热闹闹地从旧屋来到新居,边走边说吉祥话。

此时,新居大门顶挂一条大红布,人们称之为"门红"。大门关着,等入新屋的人群来到这里,由族人中有名望又多子多孙的长辈"开大门"。打开大门,族人长辈会朗声念诵"华堂吉庆,玉室生辉,房房富贵,世代昌辉,财丁兴旺,人才辈出"等好话,然后燃放一串串长长的鞭炮。亲朋赠送贺联、贺镜、贺礼,主家把它们挂放在厅堂。

主家一般要先买好新厨具,包括锅、铲、刀、碗、筷,以及日常用的箩筐、米筛、煤油灯等用具，并在选定时辰，从原屋灶内夹起几块已燃的木炭放进新砌的灶内，称为"旺种"，然后开始在新居的第一次烹饪。

为庆贺迁入新居，楼主还要在土楼的天井内，大摆酒席，宴请乡亲和参与建楼的师傅，少则十几桌，多则几十桌。亲友多送贺屏、贺幛、贺联等礼物，主妇的娘家则送家常用具等。场面热闹非凡，喜庆浓烈，营造"闹丁闹财"的好彩头。

第二节
土楼雕饰的审美取向

客家土楼遗世独立，与世无争，与天地浑然一体，这种古老的民居建筑以"土里土气"、朴实自然而蜚声中外。它的外墙一般保留原有的泥土本色，楼内的木构件多数也不油漆上色，于质朴中见文雅庄重。在这质朴中，却有许多精雕细琢的细部耐人寻味。这些精美的雕饰，体现了古代土楼工匠高超的工艺水平，表达了人们祈福镇邪的群体心态。

客家土楼的正门是全楼的门面，其往往是全楼装饰最精彩之处。楼门的框、槛、楣、台阶等，一般都是用花岗岩石条砌成，琢磨精细；门楣常雕以"财""丁""贵""寿"等吉祥字样。南靖县怀远楼的门框用石灰粉饰一个墙面，三面再用红砖砌成一个框，框内两个上角饰以天蓝色蔓带构成的三角形图案，象征吉祥富贵（图5-2）。门上方红底框内是黑色的"怀远楼"三个大字，楼名上方饰以八卦图案，用以避邪；门两

图5-2　土楼楼门装饰

边的中上端是对联"怀以德敦以仁藉此修齐遵祖训,远而山近而水凭
兹灵秀毓人文",大门两边下端分别用篆书饰以"福禄""寿全"四个大
字,表达了楼内居民对美好生活的祈盼。永定区的五凤楼"大夫第",
在大门的门楣上方饰一对青砖雕成的户对,左写"福",右写"禄";下面
是一对石门当,三面雕花,有荷花、松鹤等图案;大门两侧的立墙上,右
边红底黑字题写"麟趾"两字,左边题写"凤毛"两字;墙面上还有传统
题材的芙蓉、凤凰等浮雕绘画,垂柱也被精心雕刻成莲花花瓣。最常
见的五凤楼正门,石门框上都有"S"纹、卷草纹等浮雕,有的还装饰万
字纹,以此象征家族万古流传、福寿绵长。这些建筑装饰构图简单,线
条简练,有的还显得粗糙,只求表达装饰意图,因此具有一种质朴的自

然美,体现了人们对生命崇拜的理念。

永定区的遗经楼外大门楼墙上有灰塑与壁画,这些灰塑与壁画描绘了竹苞、松茂、山水、树木、花鸟图案,蕴含了客家先民高雅的文化追求。

土楼大门的石雕(图5-3、图5-4)大多独具匠心。南靖县石桥村的顺裕楼,门框石枕正面饰以浮雕麒麟,左、右两面饰以浮雕牡丹;祯裕楼楼门石枕饰以浮雕卷草龙纹和牡丹凤凰。有的石枕则饰以灵芝、

图5-3 土楼石枕

荷花、鹤、鹿等吉祥的动植物,有的还雕刻戏剧神话人物造型,形式多样,题材丰富,形象生动,是难得的石雕工艺品。这些石枕饰物与粗糙的墙体彼此衬托,相互呼应,凝重又典雅。

土楼先民在中原南迁之前,有许多为名门望族,诗书之风极盛;南迁的过程中,为了防止文化的失落与断裂,就通过各种途径加以维护。可以看出,土楼雕饰就有浓郁的中原传统文化气息,尤其是土楼木构件中的雕饰,那些如意纹、凤纹、卷草纹,交织着历史的沧桑,给人一种独特的凝重美(图5-5)。

图5-4 二宜楼门枕石雕

图5-5　土楼木雕(张志坚)

　　土楼外环的窗框、窗板一般没有装饰,而楼内门窗装饰有的却十分讲究,有以卡榫拼成图案的,有以木雕组装成镂空窗花的(图5-6),尤以团龙图案最为常见,创造了许多极其精美的窗格装饰。

图5-6 土楼窗花

南靖县怀远楼"诗礼庭"的门板上,饰以蝙蝠等吉祥图案(图5-7),象征子孙万代有福。林中村的龙田楼屋檐下有龙、花等精美木雕,楼顶有"四龙戏珠"雕塑,造型别致,栩栩如生,就连楼上的滴水瓦片,也有花形图纹,别具特色。

图5-7 蝙蝠图案木雕(张志坚)

中堂与祖堂是一座土楼中装饰最精美的部分。客家土楼中的五凤楼,就是以中轴的中堂厅井空间为雕饰重点的。如永定区"大夫第"中堂地面以青条石镶边,用青砖铺满。中堂建筑约有两层楼的高度,站在中堂内,仰头可见抬梁上镂雕的精美花纹,这些纹案线条舒展有力,又用彩色描摹,虽已历经百年,但木雕上的颜色依然如新。

设有祖堂的圆楼和方楼,装饰的重点就在祖堂。永定区遗经楼的厅堂装饰精美,大厅立6根木柱支撑屋面,青色花岗岩瓜形柱础雕刻有不同的样式和花纹,平滑光洁,熠熠发亮,柱础石上有一段约1.5米高、雕刻精美的石柱。厅顶梁柱间雀替上装饰有福禄寿喜、龙凤狮子及花鸟祥云等图案的木雕,使整个厅堂显得富丽堂皇,雍容华贵。大厅左右墙裙绘有山水瑞兽壁画。厅口垂下4个倒挂的木雕花篮,两两相对,雕刻精美。大厅两旁厢房的8扇木门,上部镶嵌草龙、花卉及万字形、梅花形木雕图案,显得古色古香。三向围楼三楼檐口木梁外也各装饰一个倒挂木雕莲花,共20个。这也是福建所有土楼中绝无仅有的。

南靖县怀远楼的祖堂雕梁画栋,古朴天然(图5-8)。屋檐下飞龙走兽,惟妙惟肖。屋架两边斗拱饰以木刻书卷式饰物,镌篆书镏金对联;两边的木窗分别雕刻着9只形态各异的飞龙图案,似有飞上九重天外的气势,表现了土楼人家凌云壮志的豪迈气概。和溪村的南河楼祖堂也有许多镂空雕饰彩绘,中央那"福""禄""寿"三个石刻篆字笔画自然协调,堪称篆书杰作。林中村龙田楼中堂"钦赐翰林院"及"椿荣一乡"木匾,装饰精美,据说"钦赐翰林院"牌匾还是当时的皇帝所赐。木匾上的字迹虽经几百年岁月的风烟熏染,依然苍劲有力,气势不凡,给土楼带来一股淡淡的书香气息。

永定区经德堂的屏风别具一格,这些围屏是清朝咸丰元年(1851年)由民间雕刻大师采用金丝楠

图5-8　土楼木雕(张志坚)

木,花费多年心血精雕细琢而成。屏风共12扇,互相衔接,连成一幅完整的祝寿图。长6米许,高约2.8米。正面是画,后面为字,分上、下两部分。正面上半部分是《郭子仪祝寿图》,祝寿图的左右两边书写着对联:"凌霄松柏参天秀,入座芝兰引气佳。"联意主题突出,意境深邃,富有韵味。在祝寿图的上端,雕有小窗花格;下端刻着许多栩栩如生的图案。屏风的下半部分,镂刻着精美的窗花格,整齐划一,色彩鲜艳。屏风的另一面是金粉书写字,边框通红。经德堂镂刻的人物、山水、瓶花、飞禽走兽等都刻画入微,屏风色彩历经100多年仍鲜艳明晰,其高超绝伦的制作和油漆工艺令人赞叹,成为土楼中绝无仅有的一块瑰宝。

平和县的圆形土楼绳武楼,被誉为"雕刻博物馆"。这座楼从奠基到完工,历经清嘉庆、道光、咸丰、同治、光绪五朝,前后长达100多年的圆楼共24开间,处处可见石雕、木雕、泥塑、壁画等,富丽精工,精美绝伦(图5-9)。其中散见于屏风、壁橱、门窗、梯手上的木雕就有646处,无一雷同,既有人物花草、文字对联,又有飞禽走兽、诗画结合,动静相宜,从中折射出中国古代雕刻艺术之绚烂辉煌。土楼大门上的石雕颇具特色,雕刻线条流畅,实物厚实饱满,显示了工匠独特的艺术造诣。其间以花草树木之雕见长,且主要是浮雕,这些花草树木临风而动,栩栩如生,与正门中央大石匾上"绳武楼"三个遒劲有力的正楷大字浑然一体。土楼客厅屏风上雕刻着由蝙蝠、燕子、鲤鱼和铜钱等组成的图案,幅幅逼真感人。这些雕刻中蕴含着"孝""悌""忠""信""福""禄""寿""全"等形态迥异的字,而屏风右侧的横木

图5-9 绳武楼木雕(朱超源)

板面上还留下"物华天宝，人杰地灵""流光飞彩，气度浑成""落霞与孤鹜齐飞，秋水共长天一色"等小字行楷书法，再配以其中镶嵌的梅花浮雕、笏板片雕及具有宗教文化特色的仙葫芦雕刻，整块屏风气韵浑然，古色古香，淳朴而富有风韵，沉着而具有生气，使人领略到"动中有静，静中有动；画中有诗，诗中有画"的艺术韵味。木雕中的花卉、人物、文字、飞禽走兽、装饰画和窗格、雕栏、门额上的图案形态各异，传神之极。泥塑散见于屋檐、门槛及墙壁上，有狮子、仙鹤、凤凰和蝙蝠等不同的造型，非常精妙传神。壁画也是一道亮丽的风景线，楼内墙壁两旁各有壁画绕圆楼一周，组成一幅优美的画卷，画中的内容丰富，想象力高超。

图5-10 二宜楼彩绘

华安县的二宜楼楼内共存有壁画593平方米、226幅，彩绘99平方米、228幅，木雕349件，在众多土楼中是独有的，在中国古民居中亦属罕见，堪称民间艺术珍品（图5-10）。这座圆楼有12个单元，每个单元的门外有个木栅，叫作"半门"。"半门"的顶端有雕花纹饰，12个纹饰各不相同，以莲花形状和几何形状为主，雕饰纹理清晰可见、手法细腻。每间门头都有雕刻的纹饰，或缠绕着丝带的卷轴，或福禄寿，或文房四宝等，不一而足。每个单元的楼上，挑廊雕刻精美，有动物也有植物，栩栩如生，灵动鲜活。而一层大门和四层祖堂斗拱雕刻精细，彩绘绚丽，建筑细致精美，石雕意蕴深远。

19世纪晚期以后，许多土楼在保留传统建筑风格的同时，也融合了西式建筑美的特性。一些土楼内出现了中西合璧的建筑形式,特别是在祖堂、栏杆的装饰及图案的点缀上,展现西式化的特点,成为土楼建筑在历史发展进程中,中西文化交融的典型代表。华安县的二宜楼还在一些单元的墙上、天花板上张贴有20世纪30年代美国的《纽约时报》《纽约晚报》,墙面上还绘有西洋钟、西洋美女,壁画标注有译文,成为中西文化交流的见证。

雅俗兼陈的土楼雕饰,它的选料、用色和艺术手法,不管是粗糙还是精细,不管是质朴还是凝重,都以汉族传统文化为底蕴,带着土楼先民传统的血缘宗族观念以及伦理教化的痕迹,给人营造了一种物质空间和精神空间,它所阐释的是中国人传统的儒道合一的人文精神。

第三节
土楼的楼名与楹联韵味

土楼的楼名与楹联,是土楼人传统文化心理的投射,体现了土楼主人的愿望,形成了土楼内部独特的文化氛围。

| 一、楼名 |

在中国传统民居中,只有少数的官邸豪宅才起宅名,而在客家土楼中,每一座楼都有一个吉利祥和的名字,许多楼名用大理石石板镌刻后镶嵌于大门顶上,有的则在门上方用砖砌框做成匾额写上楼名。

给一座土楼取名,蕴含着很深的学问。自古以来,人们总是根据生活习俗、人文条件和审美观念的不同,给土楼取楼名,把家族的心愿、信仰和审美观念,人们所最希望得到的、最喜爱的东西,用现实的或象征的手法,反映到土楼的楼名中。

纵观土楼的楼名,有以形状命名的,如永定区南中村的圆形土楼环极楼,全楼分内、外两环,人站在楼中天井中心位置,说唱回音都传遍全楼每一个角落,楼主为拥有这样一座布局合理的土楼而觉得圆满至极,故名。有以数字命名的,如永定区太联村的五福楼,楼主建此楼时,有五个儿子,乃寓意于"五"①,将楼命名为"五福楼"。有以官爵命名的,如为显示其祖宗显贵,把土楼命名为"尚书第""大夫第"等。

土楼的楼名,大多雅俗共赏,意境深邃,值得探究。永定区的天一楼原名聚源楼,取于"双溪水交汇"之意,因毁于火灾,遂改名为天一楼。"天一"有四层意思:一是天一生水,警诫后人防火护楼;二是此楼

图5-11 日接楼楼名

为椭圆形,坐南朝北,门前双溪交汇,水清石秀,天下一绝;三是《周易》有"天人合一"之说,人与自然和谐统一;四是"天"与"添"谐音,客家人说的"添",有添丁、添财之意,所以,楼名包含有祈求财丁兴旺之意。漳浦县建于清雍正七年(1729年)的日接楼(图5-11),盖楼的楼主蓝廷珍官至南粤总兵、福建水师提督,那时正官运亨通,不断升迁,所以取《周易》中的"昼日三接"之"日接"作为楼名。漳浦县的完璧楼,楼主人是宋末皇族后人,于明万历二十八年(1600年)动工,楼名取"完璧归

① "五"象征着五行、五福、五典、五德、五常等。

赵"之意。

华安县的二宜楼,楼名"二宜"两字,寓有"宜山宜水、宜家宜室、宜内宜外、宜兄宜弟、宜子宜孙、宜文宜武"之意,富有诗情画意,象征着楼民对安定、祥和、繁荣、发达的追求。平和县的绳武楼,其楼名出自《诗经·大雅》"绳其祖武",勉励后人继承祖先的业绩和优良传统。广东省大埔县的花萼楼,楼名取意"花萼相辉","花"为花瓣,"萼"为花托,取自《诗经·小雅·常棣》:"常棣之华,鄂不铧铧。凡今之人,莫如兄弟。"华,即花;鄂,通"萼",花萼也,说明兄弟之间的感情就像花与萼一样,相互依托,交相辉映。

永定区的初溪土楼群,40多座土楼的楼名中间都带有一个"庆"字,如集庆楼、绳庆楼、善庆楼、余庆楼等。一个"庆"字,道出了土楼人家的美好愿望。龙岩市适中镇土楼的楼名,许多带有"和"字与"德"字,以"和"入名的有和春楼(图5-12)、和致楼、和庆楼、和成楼、瑞和楼、泰和楼、安和楼……象征土楼人家团结和睦,劝世人弘扬以和为贵的中华民族传统美德;以"德"命名的有崇德楼、培德楼、树德楼、怡德

图5-12　和春楼楼名

楼、裕德楼、怀德楼、宏德楼……劝导人们要崇尚德行。南靖县田螺坑土楼群中的步云楼，则取"平步青云，步步登高"之意，并且把这种隐喻体现在楼的天井上，该楼天井从外向内分为3个台阶，表明了楼主人希望子孙"步步登高"，一代比一代强。怀远楼，真切披露了土楼人慎终追远的内心情感，因怀远楼为旅居缅甸的华侨捐资兴建，故也有怀念远方亲人之意。

土楼楼名的匾额一般为花岗岩石雕刻而成，有边框或无边框，大多数楼匾有纪年，通常为年号和干支。广东省饶平县的道韵楼大门石匾为明朝崇祯礼部尚书、书法家、抗元名臣黄锦所写，至今尚在，上面有纪年和黄锦的落款，具有较高的价值。大埔县龙岗村的中宪第是一座椭圆形土楼，是明万历帝拨库银给福建按察副使黄扆所建，门口的牌坊刻有"中宪第"和"万历八年（1580年）孟春吉立"。漳浦县的一德楼，门楣石匾刻着"一德楼"的楼名，以及"嘉靖戊午年（1558年）季冬吉立"的纪年款。华安县的齐云楼，是福建现存有纪年的最古老的一幢椭圆形土楼，其大门楼匾上刻石纪年"大明万历十八年（1590年）"。这些有纪年的土楼，是目前已发现的最古老、有确切纪年的土楼的代表，人们可以从中确切地知道一座土楼的建造时间，因此，它们在土楼中具有独一无二的地位，其历史价值与学术价值无疑是重大的。

| 二、楹联 |

在数以千计的客家土楼中，楹联是构成土楼文化深邃内涵的重要组成部分，这些镌刻在大门、前厅、中厅、里厅、祠堂、书斋、灶间、谷仓及石柱上的对联很多是藏头嵌字联，它们平仄严谨、对仗工整，且言简意赅，韵味无穷，是土楼先民淳朴民风、精深智慧的结晶，充分反映了土楼人家的审美观、价值观和文化心态、人文精神，给人以无声的教诲和延续不断的警策。

传统文化可谓耕读文化。"耕"是物质文明,是生存和求学的基本保证;"读"是精神文明,是修齐治平的基础。在农耕社会,这是极高的追求。因此,走进客家土楼,随处可见勤俭治家、耕读为本的对联。永定区振成楼在近5米高的粗大石柱上雕刻着"振乃家声好就孝弟一边做去,成些事业端从勤俭二字得来"。这副对联意为"要振起家声,应当沿着孝顺父母、敬爱兄长这方面做去;凡能成就些事业,都是从勤和俭中得来的"。承启楼大门的对联"承前祖德勤和俭,启后孙谋读与耕"(图5-13),告诫族人要继承祖辈勤劳俭朴的优良品德,子孙后代建功立业最根本的是读书和耕田。楹联"教子读书,纵不超群也脱俗;督农耕稼,虽无余积省求人",十分朴素地道出了培养后代读书才有前途的传统意识,以及男耕女织、安分守己、自食其力、知足常乐的小农经济思想,与"读书好,耕田好,学好便好"的名言有异曲同工之妙。衍香楼主人三代都是崇文好学的耕读世家,所以大门上的对联是"积德多蕃衍,藏书发古香";裕兴楼的门联为"裕后勤和俭,兴家读与耕";凤池楼的门联是"书成旧史河渠志,力辟耕田教悌科"。南靖县仰峰楼的门联为"仰思祖武绳还爱为忠为孝昌门第,峰拱人文起便须必读必耕振家声";稻孙楼的门联是"稻粱既足可治生处世须敦礼义,孙子虽愚休废学传家唯有诗书"。

土楼先民大多是唐宋以来自中原南迁而来的,长期的战乱饥荒使他们倍加重视耕与读,唯有勤耕才能立身,唯有读书才能出人头地,光耀门庭。土楼先民懂得"修身齐家治国平天下"离不

图5-13 承启楼门联

图5-14 振成楼对联

开勤耕苦读、克勤克俭,而这些有关耕读传家内容的楹联,体现了土楼人家勤耕重教的文化教养。

心存忠孝,齐家报国,是土楼楹联的一大特色与亮点。这些楹联与中华民族的传统美德一脉相承,激励着土楼人家忠孝、爱国、修身、行善。永定区振成楼的大门对联"振纲立纪,成德达材"(图5-14),告诫人们不论是国是家,都要遵纲守纪,才能造就有德有才之人。大门内的对联"干国家事,读圣贤书",是明朝名臣海瑞的名言,教人要一心报国,建功立业;要见贤思齐,发愤读书。还有一幅"振作那有闲时,少时壮时老年时,时时须努力;成名原非易事,家事国事天下事,事事要关心"的对联,勉励人们要振作精神,从少年到老年,每时每刻都要为远大的志向奋发努力;建功立业是不容易的事,必须毕生振作努力,时时刻刻关心身边事、天下事。还有如永定区的经德堂悬挂着一副对联"存忠孝心,行仁义事";日应楼的对联"日读古人书志在希贤希圣,应付天下事心存爱国爱民"。

许多土楼的楹联都是传统族训家规的核心,它以朴实无华的文字,向族人阐释丰富的人生哲理,规范族人的言行。"能不为息患挫志自不为安乐肆志,在官无傥来一金居家无浪费一金",这是永定区振成楼刻在石柱上的另一副对联,意为"不能因为没有了忧患而松懈奋发向上的意志,更不能因为处在安乐境地而纵情声色,玩物丧志;做官不得非分侥幸猎取一文钱,居家不得浪费一文钱",告诫人们要居安思危,清廉节俭。而"言法行则,福果善根",则教育后人要言行一致,遵守法度,积德行善,善有善报。南靖县怀远楼"诗礼庭"题刻对联"诗书教子诒谋远,礼让传家衍庆长"。诗书教子,礼让传家,是怀远楼居民的家训。德兴楼的大门对联 "德积善修甘泉永流,光祖创业作人承志",告诫后人要积德修善,创业光祖。裕德楼的大门对联"裕及后昆克勤克俭成伟业,德承先世维忠维孝是良规",用家族规范向人们灌输如何立身处世的价值观念和治理家业当勤俭的传统思想,将内心的价值观念和对子孙后代的期待,用土楼楹联的方式表达出来。顺裕楼的门联为"顺时纳祜,裕后光前",用8个字阐明楼名含义,催人奋进。永贵楼的大门对联"永要刚强毅气,贵为奋斗精神",希望后人一生刚毅,发奋进取。

土楼先民长期受儒家思想的熏陶,他们懂得修身养性,总是以行善积德作为处世原则,规范自己的品行。永定区的奎聚楼就有联"静以修身,俭以养德;入则笃行,出则友贤"。许多土楼的楹联,则以浅显的文字,劝导同楼共住的土楼子民要和睦相处,不计较个人得失。永定区承启楼的堂联"一本所生,亲疏无多,何须待分你我;共楼居住,出入相见,最易结重人伦",劝导同楼共住的人们要和睦相处,不计你我得失,共度峥嵘岁月,共享天伦之乐。南靖县和贵楼的门联为 "和亲既康禄,贵子共贤孙";勤和楼的门联为"勤与俭持家上策,和而忍处世良规";和兴楼的门联为"和气发吉祥福禄均广,兴家资后进富贵绵长"。一座土楼就像一个"缩小的国",几百个人聚族而居,因此"和而忍"至关重要。

土楼先民具有慎终追远的优良传统。有的用楹联的形式纪念先贤,如永定区先甲楼的门联为"先贤宗圣道,甲第义王家",昭示先祖的贤德和绵长的恩泽。也有以本家族的堂号入联的,如永定区凤城镇一座吴姓土楼大门上的楹联"龙腾渤海三千浪,凤楼吴山第一家",标明吴姓客家人的堂号为"渤海",用堂号寄托对中原故土和祖先的深切怀念之情。

客家土楼大多处在山水环抱中，许多门联根据地理环境，嵌入灵山秀水、奇花珍木，以寄托人们对美好生活的祈盼。永定区五云楼大门对联"五六合天地中生成同盖载，云日得就瞻象熙皞乐唐虞"，用丰富的《周易》内容入联，联中讲究的是天人合一、诗中有画的境界和人与自然环境的融合。振福楼门联"凤起丹山秀，蛟腾碧水环"，永豪楼门联"满眼青山呈秀气，一溪绿水活天机"，生动描绘了秀美而幽静的乡间山水田园风景图。振成楼内对联"春托风生，兰知领未；静无人至，竹亦欣然"，流露出主人回归自然、寄情山水、闲静超然的隐士情怀；还有厅堂的对联"带经耕绿野，爱竹啸名园"（图5-15），则赞颂了楼主人在田园自食其力，以读书修德自得其乐的从容淡定。环兴楼之"环"与"兴"其味无穷，楼中各楹联无不与山水景色、道儒礼教有关，如门联"环水朝峰门迎秀丽，兴诗立礼宅焕文明"，以秀丽景色为衬托，希望自己的土楼及族人兴诗立礼，焕发文明的光彩。南靖县源远楼的门联为"源通碧海观龙变，远对青山听鹿鸣"；睿源楼的门联"睿水遥山灵秀发祥教子诗书昌后世，源深流远澄清维美居身质朴迪前先"，澄清精

图5-15　振成楼厅堂对联

致，意态如画，是土楼人理想与精神的寄托；瑞兴楼的回文叠字联"瑞盈楼福盈楼盈楼福禄盈楼瑞，兴一代隆一代一代隆昌一代兴"颇具雅趣，楼前的书斋"临川斋"有对联"临下水澄清水映长天天映水，川前山秀丽山依古石石依山"，把依村带水的溪光山色风景描绘得逼真如画。

　　客家土楼数以万计、琳琅满目的楹联，集教化、观赏和审美于一体，反映出了土楼先民的社会观、道德观和文化观，是人们了解土楼文化最直接的窗口，令人痴迷陶醉。

第四节
崇文(武)重教的土楼人

　　中华民族农耕文明千百年来延续下来的精华浓缩并传承至今的一种文化形态就是"渔樵耕读",它所体现的哲学精髓正是传统文化核心价值观的重要精神资源。自古以来,人们把"耕读传家"作为中国传统文化中理想的家庭模式,用"耕"来维持家庭生活,用"读"来提高家庭的文化水平。

　　土楼先民崇文重教的文化理念与中原文化传统一脉相承,特别是从中原迁徙到闽、粤、赣等地山区的客家人,不少原为仕宦之家,接受的是中原正统文化和封建礼教,讲究的是门第等级。他们到闽、粤、赣等地山区落地安家,这里经济水平相对落后,加上漫长的颠沛流离,又受异族的压迫,为了繁衍生息,他们只有勤耕稼穑,只有读书入仕。因此,他们以儒学起家,把尚学重教、科甲蝉联作为稳定、鲜明的家族文化传统,泽被后世。罗香林先生在《客家源流考》中说:"刻苦耐劳所以树立事功,容物覃人所以敬业乐群。而耕田读书所以稳定生计与处世立身,关系尤大。"可以说,在传统的农耕旧时,勤俭耕读是土楼人获得生存与发展的立身之本。他们把读书识字视为科举进士、光宗耀祖的唯一途径,力求通过辛勤耕作适应环境,通过读书实现"朝为田舍郎,暮登天子堂"的梦想,出仕改变人生。

　　福建省龙岩地区宋淳化年间(990—994年)就设庠序,后有学宫。

明代设县学,办社学、书院、私塾。清代各坊社设书院。清末新学兴起,于光绪二十九年(1903年),创办第一所中学堂和武安小学堂。据1931年的《长林世谱》中"本族书屋一览表"记载,林姓就有凌云书院、湛华斋、绿莎居、燕桂第、三省堂等10座学堂,龙岩适中的谢氏和其他姓氏也有崇文书院、大中书院、复性书院、一方居等学堂。崇文书院于清朝时出了"四子登科"和"父子登科",其也成为适中著名的学府和文人墨客的摇篮。据民国版《永定县志》记载,自明成化十四年(1478年)永定建县以来,共有进士32人、举人204人,其中,武进士7人、武举人126人,仅坎市镇青坑村就出了廖鸿章一家五代5翰林、7进士、2举人。历史上,永定还出了尚书、巡抚、按察使等三品以上官员。

广东省梅州市是我国汉族客家人最集中的聚居地,素有"世界客都"之称。客家民系有深厚的文化积淀、独特的民俗风情、神奇的迁徙历史,被誉为"中华传统文化的活化石""生活中的古典"。土楼也是梅州重要的传统民居,见证着客家人的历史和传统文化的变迁。宋代以来,梅州地区书院林立,文风鼎盛,曾有私塾和书院300多所。据《宋史》记载,刘安世谪居梅州,在州城中创建了第一所书院(后世称之为"元城书院"),招徒讲学,开建了梅州书院之先河。至清末废科举前,梅州有书院24所、义学14所、社学20所、官学4所,私塾遍及城乡。坐落于梅州城区周溪河畔的东山书院,是清代嘉应州(今梅州市)知州王者辅于乾隆十一年(1746年)创建的清代梅州最高学府,是我国客家地区规格最高的重檐歇山顶式书院建筑。

南宋著名理学家朱熹任福建漳州知府后,为改变当时"俗未知礼"的现状,在漳州"笃意学校,力倡儒学",使其逐渐成为"海滨邹鲁""礼义之邦"。南靖县元至正十七年(1357年)开始设立县学,明洪武元年(1368年)建立社学,清乾隆元年(1736年),乡间开始设立私塾。当时《南靖县志》有这样的记载:"凡为民之属有八:为儒、为农、为工、为商贾、为吏书、为卒徒、为巫、为僧。男子生,六岁以上则亲师,虽细民读书,与士大夫齿。"儒者为"八民"之首。永定旧县志也有载:"永定文风扑茂,甲第巍科,为数郡之冠。"在土楼区域流传甚广的"生子不读书,不如养大猪""不读诗书,有目无珠"等谚语,足以说明人们对文化教育的重视。他们还用"月光光,秀才郎,骑白马,过莲塘……"等对幼儿进行启蒙教育,给族人推崇"万般皆下品,唯有读书高"的理念,从而逐渐形成了"弦诵相闻,有不读书者,舆台笑之"的社会风尚。

土楼村落,几乎村村有书斋(学堂),有的建在楼内,有的建在楼侧,"一楼一屋一书斋",说的就是每座土楼或大型的平房,都必须配套营造孩童学习的场所(图5-16);没有在大楼边上独立建造学校的,则把东、西厅或楼上的某个厅作为学堂专用。这些学堂成为土楼人崇尚儒家兴诗立礼的象征。

图5-16 永定洪坑村土楼私塾学堂

永定区洪坑村是著名的土楼村落,这里有一座见证近代历史变迁、教育变革的林氏蒙学堂。学堂由洪坑经营条丝烟刀致富的林仁山捐资建成,占地面积2 000多平方米,为砖木结构,是一座中西合璧的建筑。学堂大门门额上刻有一幅牌匾,现仍清晰可见,上书"仁山三兄大人建立林氏蒙学堂",落款是当年的汀州知府张星炳所书。1906年,"蒙学堂"正式更名为"日新学堂"。学堂创办以后,为当地和邻近乡村培养了大批近现代人才,声名远播。该区大塘角村的五凤楼"大夫第",为三堂两横式,是由王姓家族建于清道光八年(1828年),又称"文冀堂"。横屋最前端的单元专门辟作私塾学堂。遗经楼是永定土楼中规模最大的方形土楼,方形土楼前一左一右建有两所学堂,学堂为两层楼房,并用镂空花墙隔出一个独立的小院,楼内子女可以在这宁静舒适的地方读书。

永定区南溪土楼群的经德堂建于清嘉庆二十年（1815年），该堂旧时曾作为私塾，堂壁上题有"锄经""种德"，意蕴丰富，既表示读经研学，又勉励人们要树德修行。当年林则徐还为经德堂撰写了一联："第一等人忠臣孝子，只两件事耕田读书。"此联告诫人们，无论是臣宦还是布衣，都要力求忠孝两全，这是为人最宝贵的品质，只有具备了这种品质的人，才是"第一等人"；而居住在乡间的客家子民，平素要干好两件事，一是耕田，二是读书，这是客家人的传统。

南靖县梅林镇梅林村的翠玉轩，是始建于清乾隆年间（1736—1795年）的一座书院。它面溪而立，由门厅、天井与大厅组成，为二进五开间布局。大厅作为塾师传道授业的场所，一、二进的小单间是每个学生自习的地方，而里屋则是塾师居住的地方，尺度小巧，别致幽静。书院地板全由卵石铺砌而成，充分体现出书香之气。书院梁架线条简洁古朴，木雕花窗工艺精湛，檐下彩绘精致生动，是闽南地区唯一保存完整的设有拜廊的学堂。翠玉轩在鼎盛时期曾有180多个孩童在此读书。该村的和胜楼石坪前面是由3个院落组成的一排单层平房，平房西面建有并排六间院落式二层书房，供族人的孩子读书。

南靖土楼楼内学堂最考究的是坎下村怀远楼楼内的学堂"斯是室"。斯是室的对联"斯堂讵为游观衹计敎书开耳目，是室何嫌隘陋惟思尚德课儿孙"，上联讲斯是室不只为大家游观，主要是用诗书教育子孙后代，让其耳聪目明；下联讲大家不要嫌斯是室简陋、狭小，而是要用高尚的品德教育子孙后代。唐代诗人刘禹锡的《陋室铭》"斯是陋室，唯吾德馨"，借用于此，恰到好处。斯是室两边的厢房是以前教书先生的住房和书房，其门窗上的对联"书为天下英雄业，善是人间富贵根""天下良谋读与耕，世间善事忠和孝"，寓意深远，激励着一代又一代土楼人发奋读书，成就伟业。和贵楼楼中也建有"三间一堂"式私塾学堂（图5-17），供家族子女读书之用。现学堂内还悬挂着当时国民政府主席林森颁发的"兴学敬教"牌匾(图5-18)。

土楼人家除了在楼内设私塾学堂外,有的大户人家为了子孙读书还单独营建土楼。南靖县塔下村是个风光旖旎的小山村,漫步在山水相谐的土楼村落间,"听泉居"格外让人的心灵为之震撼。楼后青山叠翠,楼前泉水叮当,好一个清幽的地方。登楼凭栏,可见远山风竹寒松,烟雨空蒙;俯首临窗,可领略小桥、流水、人家的清新画面。塔下张氏族人说,"听泉居"是村里张氏第十六世祖嘉程公为了给子孙后代创

图5-17   和贵楼私塾学堂(简银蕉)

图5-18   "兴学敬教"匾额

造一个良好的学习环境，以振家声，而建的一座土楼。走进楼内，只见院内桌椅、琴棋书画样样俱全，让人感受到一股浓浓的文化气息。据说，嘉程老先生在建听泉居前曾建了一座文选楼供子孙读书学习之用。"文礼乐以成人须从智勇义廉先操品格，选贤愚而俱用务使仕农工贾各抒才能"，道出了张氏族人兴诗立礼、读书育人的儒家思想。

据南靖县石桥村张氏于清光绪末年编修的《清河张氏族谱·望前大高溪派谱》记载，十世祖文静公"诗书训子，耕读家声，宗族坊表，乡里楷程，美哉我公，宜其书香继起，然后昌荣"，说明宗族中读书风气很盛。十三世祖子谦、子望两兄弟建了专门供子孙读书的"逢源楼"，其为长方形土楼，有上堂、下堂、厢房，上房为3层，二、三层以上做出挑外廊，下房单层，中间是天井，全楼21间房，平时学生就在底层读书、活动，楼上为教书先生住所。第十八世祖开万和开进两兄弟，也建了一座三合院式的学堂"步云斋"，学堂正房7间，上、下两层，子孙们在厅堂里上课。步云斋的大门对联为"步武安祥循序进，云龙变化任高飞"，以鼓励子孙。逢源楼和步云斋四周树木茂密，环境宁静清幽，是读书的好地方。

许多土楼宗族都把耕读传家的内容列入家法、族规，如江西省兴国县刘氏族规中写道："家门之隆替，视人才之盛衰；人才之盛衰，视父兄之培植。每见世家大族箕裘克绍，簪缨不替，端自读书始。凡我族中子弟，资禀英敏者固宜督之肄业，赋性钝者亦须教之识字。"把读书识字作为教育后代成才、家族兴旺的根本。明清以来，许多土楼宗族为了鼓励子弟读书进仕，还从族田中划出一部分作为专门的"学田"，用于支助和奖励子弟读书。南靖县塔下村张氏族人从明末开始就创书租、儒租，及后各房都有儒租田产。清朝道光年间（1821—1850年），还经常组织"曲江文会"，举行作文评讲活动，勉励人们发奋读书。村人在族规中规定：凡取得秀才以上学历者，可获得数十担儒租田。石桥村也在族规中规定：凡考上秀才和举人的，宗族每年给予奖励七八石谷子；考中进士，每年奖励七八十石谷子，并从公田中拨出部分田亩作为奖励。

石龙旗杆也叫石笔，古称"谤木"，是功成名就、地位荣耀的象征。明清以来，客家人中，若是哪家的读书人金榜题名，考上了进士，或是获得其他上品位的官职，便可在祠堂前立一支石龙旗杆（图5-19），旗杆下部阴镌姓名、世次、功名、年代科次、官衔、品位、爵位及立石龙旗杆的年代等文字，中部浮雕蟠龙纹，杆尖或为笔锋状，或踞坐石狮等，给人以静穆、严肃、荣耀的感

图5-19　石龙旗杆

觉。立石旗杆时，家族要举行热烈、庄重的竖旗仪式，以借此彰显家声。永定区中川村胡氏家族，明清两代有进士5人，举人30人，贡生123人，秀才288人，监生564人，文武士官108人，因此在家庙门坪上竖起15支石旗杆（因地震倒塌2支）、21支木旗杆。南靖县塔下村从清乾隆至光绪年间（1736—1908年），张氏族人有14人获得举人、进士学衔，便先后在宗祠前竖起14支石龙旗杆；南靖县梅林村的和胜楼，又被称为"旗杆楼"，楼的石坪边立有11支石龙旗杆，清朝期间该楼内出了不少进士、举人，如清道光八年（1828年），该楼里出了一文一武两举人。那一根根直刺青天、巍然挺立的石龙旗杆，向世人昭示的不仅仅是往昔宗族的荣耀，更是土楼人重教兴学、人文鹊起的文化传统和精神风貌。

在我国广袤的土地上，有许多因山脉的形状酷似笔架而被称为

"笔架山",如湖北罗田县境东北、江西井冈山、福建莆田兴化湾南侧的笔架山,它的美,它的奇,它的峻,它的秀,都是大自然鬼斧神工之作,唯有南靖县长教(今也称作"云水谣")的笔架山是人工所造。

长教简氏家族聚居地是个秀丽的山村,人们来到这里,不时能听到有关笔架山的传说。这座人造的笔架山山峰隆起,峰尖俊秀(图5-20)。长教人说,简氏九世祖在清雍正十三年(1735年)建成方形土楼和德楼后,为使楼里的子孙人才辈出,发动参与建楼的所有人员在楼的对面大山顶上造一个峰尖。那峰尖位于东方,日出时,峰尖的倒影映在和德楼门前那大池塘里,谓曰"塘为墨汁,峰尖为笔,文房用具齐全,后人可出人才"。果然,楼建后不久,便出了个进士,故人们把和德楼改为进士楼。在长教,人们不管站在什么地方,抬头仰望,都能看到这个人造的峰尖;而更巧的是,不管在哪座土楼的门前看,峰尖似乎都对准楼门。这是长教人巧夺天工的杰作。

在永定区北部的高陂镇,也有一座笔架山,其海拔1 454.2米,中峰高耸,翼峰拱秀,三峰鼎立,像古代读书人案几上搁置毛笔的笔架,许

图5-20　长教笔架山

多永定人把它视为客家文化之图腾物象。"笔架双顶是文峰,人文地理众认同。房屋门楼若向此,及第文章盖世雄。"笔架山下周围聚居的人们,建造土楼时都把楼门朝向笔架山,用门前的笔架对人们进行发奋读书、成就功名的启迪与激励。

土楼先民不但崇文,也尚武,在客家聚居地还有"书爱读,拳爱练,老婆唔讨随方便"的民谚(图5-21)。平和县大溪镇的庄上土楼,是一座方形大土楼。这座始建于清顺治十一年(1654年)的土楼,据说是天地会的创始地。其楼中有山,拾

图5-21 土楼武术(张志坚)

级而上,可见楼隐于下方。在山之一侧,有一小筑。小筑为庄上土楼的练武堂,堂中有厅,厅前有院。练武堂厅壁上漆一大大的"武"字。在厅的中央,可以看到平和闻名遐迩的灵通山。明代大学者黄道周曾经在灵通山上读过书,也在灵通山下教过书。相传当年天地会脱胎于郑成功麾下赫赫有名的首领万礼,庄上土楼楼主叶冲汉就是万礼的结义兄弟,万礼曾留在庄上土楼3年,习文练武。庄上土楼人在楼内设练武堂,与当时族与族之间的械斗有关。当时平和大溪一带,有吴、叶两个大族,大族与大族之间的械斗时有发生,且非常惨烈。因此,他们除了修筑如此巨大的土楼外,还设练武堂,闲时把族人组织起来练武,以便外族入侵时能奋起抵抗。

南靖县梅林长教早年也在土楼开有武馆,招募远近的简氏族人到此习武。生于台湾淡水的简氏宗亲简忠浩,年轻时回祖居地长教拜师习武,他力气很大,能举起宗祠门口两只石狮子,一般人挪都挪不动,于是易名"简大狮"。简大狮学成后回淡水广收学徒,任侠好客。清光

绪二十一年(1895年)冬,于淡水聚众起义,先后在台北、淡水、尖渡、士林等地阻击日军,成为著名的抗日民族英雄,1900年被日本军国主义者勾结清朝官吏杀害。南靖县梅林村的魏氏族人清后习武之风日盛,魏克昌、魏景文、魏嗣昌、魏谦亨、魏拔魁等都是武举人,如魏拔魁又名胜武,从小习武,武艺超群,清嘉庆二十四年(1819年),以戡平匪患功,封世袭恩骑尉。漳浦的深土镇西丹村,有座以武扬名的"五落官厅",它是清代殿前侍卫林寅登家族所建,距今已有200多年的历史。官厅里,十八般兵器立于其中,让人不禁遥想当年林寅登在此习武的场景。

第五节
土楼附属建筑文化

庙宇和祠堂,是我国许多乡村中规模最宏伟、装饰最华丽的建筑群体,不但巍峨壮观,而且注入了中华传统文化的精华,成为乡村一道独特的人文景观。有道是"寺庙敬神明,祠堂祀祖宗",自古以来,寺庙和祠堂就成为土楼人家不可或缺的精神殿堂。

一、庙宇

庙宇通常是指供奉神佛或历史名人的处所。古时候,人们缺乏科学知识,生活上遇到不幸或挫折,往往归诸命运,为了寻找精神寄托,便求神拜佛,祈求神明庇佑。

为何闽粤赣山区土楼村落几乎村村都建有庙宇? 据考证,原因有二:一是与古时闽粤赣山区一带的"瘴气"有关。《辞海》说,"瘴:瘴气,指南方山林间湿热蒸郁致人疾病的气"。古时的闽粤赣山区一带,原始森林茂密,湿气重,人们认为亚热带山林中的湿热空气,是瘴疠的病原,由此带来的瘟疫不时困扰着土楼先民。二是闽粤赣山区居民大多是"客居一族",需要借助一种"神威",把家族的人凝聚在一起,同时也给人们提供精神上的寄托,所以人们大量营造庙宇、宫观,供奉神明,用于祈福纳祥、消灾解厄。龙岩市适中镇这个人口3万多、面积300平方千米的山区乡镇,就有各种庙宇70多座。

以南靖县书洋镇石桥村为例,这个客家村落建有永济宫、丰稔堂、公王庙、土地庙等庙宇。这些庙宇是土楼人祭拜神明、许愿还愿的地方。据石桥村老人介绍,明朝末年,土楼山区瘟疫流行,死者枕藉乡间,土楼人请道士打醮,无奈疫情未能缓解,为祈求平安,乡人请保生大帝来降疫,瘟疫才得以消除。为报保生大帝禳灾救民的恩德,每年重阳节后,石桥村人都要敬神演戏,以谢神灵,久而久之,就演变为"作大福"习俗。作"春福"时,全村人举着旗幡、抬着神轿、吹着唢呐、敲着锣鼓,浩浩荡荡地来到供奉保生大帝、圣王公、民主公王的水尾庵,把神像请进神轿,抬回公王庙。霎时,鼓乐喧天,火铳、鞭炮震天动地,围看热闹者熙熙攘攘,迎神队伍排出几里长,场面壮观热闹。

古时的庙宇有许多是用夯土建造的,这些土楼的附属建筑,已成为土楼的重要组成部分,构成土楼村落一道亮丽的风景。如永定区下洋镇初溪土楼群中,就有以生土夯筑的永丰庵等附属建筑;湖坑镇洪坑土楼群中,也有以生土夯筑的天后宫、关帝庙等附属建筑。

永定区高陂镇西陂村始建于明嘉靖二十一年(1542年)的天后宫(图5-22、图5-23),是一座土木结构的七层塔形庙宇。它建在山清水秀、十里平川的永定河畔,造型奇特,是当今中国现存的唯一一座明代

图5-22　永定西陂天后宫

图5-23　永定西陂天后宫大门

宫殿式七层"文塔"(又称"状元塔")。其占地面积10 100多平方米,主体建筑高40多米,墙基全部采用天然卵石砌成;第一层至第三层为四方形,土木结构,底层土墙厚1.1米,一直夯到第三层(超过20米高);四层以上为八角形,其中第四层和第五层为砖木结构,第六层和第七层为纯木结构,塔顶葫芦状,由特制的红、黄、兰、白、青五色圆缸叠成,光彩夺目。

天后宫塔楼底层为主殿,即妈祖殿,安奉天后圣母(妈祖)木雕神像,神像前有金童、玉女、千里眼、顺风耳诸陪神,其他各层分别安奉关帝圣君、关平、周仓、文昌帝君、魁星等木雕神像。主殿前建有高堂,高堂前有近300平方米的大天井,左右两边各有两层回廊。塔的一楼外侧,左、右及后方建有八房一厅护塔房舍护住塔身。塔的大厅四周雕梁画栋,精塑有龙、凤、狮、象、虎、豹、虫、鱼、花、鸟等图案,还有一些历史典故或戏文的浮雕,惟妙惟肖,栩栩如生。整座宝塔有30多副楹联,还有木刻横匾17块。宝塔四周古榕参天,绿树成荫,景色秀丽;塔后青山叠翠,右边碧水环绕,远远望去,宝塔高耸入云,飞檐斗拱掩映在绿水青山中,典雅壮观。塔厅口的对联"杰构倚层霄,凤舞龙飞,八面窗棂烟雨外;晴岚收四野,溪声树色,千家楼阁画图中",生动形象地描写了塔楼所在地周边的土楼群和山水景致。这座高层的生土夯筑宝塔全国罕见,它经历过多次强烈地震却丝毫没有发生过倾斜,很有历史研究价值。

与西陂天后宫相距3千米的富岭村天后宫,是一座虎形土楼古建筑。它建于清乾隆四十四年(1779年),占地面积576.19平方米,高3层、15米,全是土木结构。其建筑外形独特,形似一只半蹲坐的华南虎。宫顶设计更是精巧别致,饰有鲤鱼吐珠、鸳鸯戏水等各种雕画。宫内正堂雕有圣母娘娘佛像和孔子像,借以保佑村里儿童读书勤奋、仕途步步高升。宫外古树参天,溪水长流,与西坡天后宫相互对应,东西相望。每年农历三月廿三日(妈祖诞辰日),村人都在此进香祭拜、演戏,祈愿老少平安、事业兴旺、财源滚滚,现场热闹非凡。

| 二、祠堂 |

祠堂,也叫家庙,土楼客家人又称其为"老屋",是供奉祖先和祭祀场所,是族权与神权交织的中心。

"追远溯本,莫重于祠。"早在夏商周时期,我国民间便开始营造祠堂,到宋代已形成完备的建筑体系;明清两代,各地大规模营造祠堂。而福建土楼一带民间营造家族祠堂,可追溯到唐五代时期。闽粤赣山区土楼村落人家认为"无祠则无宗,无宗则无祖",把宗祠看成是家族宗法的象征,他们每落户到一个地方,便在同一姓氏聚集的土楼村落营造祠堂,供奉祖宗的灵位。这在客家人居住的土楼村落尤为突出。一般在本姓氏的肇基祖所在的村落建有一个总祠,俗称"大宗祠";各个较大村落的宗祠则为支祠,俗称"小宗祠"。据陈盛韶《问俗录·诏安县》记载,旧时漳州府诏安县,"居则容膝可安,而必有祖祠、有宗祠、有支祠"。据民国版《永定县志·礼俗》记载,民国时期,永定"乡村之中,不论大小姓,皆合建祖祠,复合散居各乡及徙居各处之同宗在邑城建祠"。

据考,明代中叶(15世纪)以前,在人口数量较少、居住村落还较小的情况下,祠堂基本上分布在较大的村落,且比较简陋。15世纪以后,随着人口的增长,宗族壮大,村落扩大,又因社会激烈动荡不安,为了加强宗族内部团结,各姓氏宗族村落纷纷兴建宗祠。龙岩市适中这样一个山区乡镇,就建有姓氏祠堂147座。祠堂通常建在祖先最先居住的地方,且许多都是用生土夯筑的,如永定区下洋镇初溪土楼群中的徐氏宗祠、湖坑镇洪坑土楼群中的林氏宗祠等。这些供奉家族列祖列宗的场所,比住宅建造考究,雕梁画栋,粉饰彩画,在每个土楼村落中显得十分耀眼。它以特殊形式记录一个家族随血脉流动而发生的全部历史文化,是一部无比神圣的史书。

祠堂建筑一般采用轴线对称布局,有两堂两横式、两堂式,也有三进或五进的。一般由大门、仪门、走廊、明楼、亭堂、寝堂等组成。祠堂的寝堂(主厅)供奉祖宗的牌位,神龛上方悬挂镌刻本姓氏堂号(郡号)的匾额,两侧一般为表明本家族渊源的木刻楹联。寝堂处于核心位置,是象征着家族权威的重要场所,祭祀等许多重要的宗族活动都在寝堂举行。明楼和亭堂为议事的地方。祠堂的门前一般都有一口半月形的池塘,池塘前有宽敞的草坪,是开展娱乐活动的场所。祠堂的建筑空间有极强的肃杀压抑的气氛,如临其间,使人不由自主地自省自问。

福建省宁化县石壁村是客家祖地,被称为"客家人的摇篮",它地处闽赣交界的武夷山东麓。客家人素有爱国爱乡、慎终追远、敬祖穆宗之传统美德,因此石壁村建有客家公祠,公祠前瞰石壁盆地,后倚武夷山脉,近山匀称,远山环抱。飞檐斗拱,雕梁画栋,气势雄伟,蔚为壮观。中厅的正殿玉屏堂为神祖堂,堂内祀奉着客家160个姓氏的始祖神位,供祭祀朝拜。

南靖县塔下村开基于明代宣德元年(1426年),明朝后期,生活在塔下的张氏族人在村庄东面山坡、肇基始祖原住地上营造了张氏家庙"德远堂"(图5-24)。德远堂坐北朝南,背靠青山,面向溪流,设计精致,古朴典雅,属于二进建筑。这座祠堂是目前中国可见到的最完整的古代姓氏祠堂建

图5-24 南靖塔下张氏家庙

筑之一。正面古式牌楼书写着"张氏家庙"四个大字(图5-25),上有彩色瓷片剪接镶嵌的双龙戏珠,形象栩栩如生。步入牌楼,穿过庭院,便是主殿,正中悬挂一块大横匾,上书"德远堂"三个镏金大字。前厅屋檐下两侧浮雕许多传统名戏人物。屋脊上用各色瓷片剪黏的浮雕,有《三国志》《八仙过海》《封神榜》等历史流传人物,有龙、虎、狮、麒麟、凤凰、雉鸡等珍禽名兽,有牡丹花、山茶花、兰花、菊花等花卉。殿内雕龙画凤,木石装饰富丽堂皇,别具风格。大殿横梁上镌刻着南宋朱熹的警世名言:"子孙虽愚,诗书不可不读;祖宗虽远,祭祀不可不诚。"大殿正中镂着精致的大神龛,排列自开基始祖起列祖列宗的神位。德远堂前是一口半月形的池塘,池塘前边两侧石坪上耸立24支高过10米的石龙旗杆,杆柱浮雕蟠龙,腾云驾雾,势欲腾飞。每年农历七月十四日,是德远堂最热闹的日子——塔下张氏肇基纪念日。那天,张氏族人都备鸡、鸭、水果等到德远堂祭拜。这一天,祠堂庄严肃穆,列祖列

图5-25 南靖塔下张氏家庙正门

宗的容像高高悬挂厅中,接受族人的叩拜,不露声色地"看着"儿孙们的各种表情。另外还要演3个晚上的"大班戏",以谢列祖列宗的恩泽。

南靖县像这样的姓氏祠堂有360多座,长教这个简氏族人聚居地就有宗祠9座。简氏大宗祠(图5-26)始建于明宣德六年(1431年),为两堂式古祠,正堂面阔3间、进深3间,抬梁式木构架,十一檩卷栅式,单檐悬山顶屋脊。祠内悬挂着众多历代名人及贤士官宦所制匾额楹联,显示简氏子孙人才辈出,业绩辉煌。匾额有"不祧之祖""中宪大夫""兴学敬教""文魁""武魁"等二十余块。石柱雕刻镏金对联:"脉接洪源八派初分源可溯,基开长教一门递衍教难忘。"这些宗祠作为家族文化的载体,被长教人视为精神支柱。

图5-26　长教简氏大宗祠(简银蕉)

每年的大年初一、十五日,土楼族人都要到祠堂开展祭祀活动,弘扬忠孝思想和尊祖敬宗精神。白天,人们在祠堂前燃放火铳,在堂前的大埕摆上八仙桌,桌上摆放祭品,烧香祭祀。祭祀时,要选出司礼生(主持人)1人,司祝生(读祭文)1人,司仪生(捧、换敬品)1人,主祭(必须是太学生或高辈分的)1人,陪祭数人。夜晚,人们在祠堂前闹花灯、放焰火,还请来戏班演出。

对闽西南一带的土楼人来说,正月十五闹元宵是一次比较大型的全族性活动(图5-27)。"添丁"仪式也在正月十五日举行,那天祠堂的上、下厅和两侧走廊上,悬挂着一株株山茶树,枝叶上用铁丝扎起一排排令箭似的物件,"令箭"的躯干上贴有红、绿、白、黄等颜色的纸花,人们把它们称为"灯花"。凡是上年正月十六日以后结婚生孩子的为新婚新丁,元宵节晚新婚夫妻要抱着新生男孩到祖祠祭拜,向列祖列宗禀告和表示感谢。新婚夫妇一定要买上一只红灯放到祖祠点上灯,祭拜后带回家里悬挂。同时,族长会摘一对灯花给新婚夫妇,祝愿添丁进财。有些地方新婚夫妇白天就集中于祠堂,由司仪主持拜祖仪式,新婚夫妇上香、献供,告诉先祖他们已长大成人。族长把山上采来的白花赠给每对新婚夫妇,叫"采灯花",象征添丁,表达人们希望新婚夫妇早生贵子、壮大宗族的心愿。而赣南一些地方,"添丁"仪式则在大年初一举行,那天要在祠堂放"添丁炮",也就是头一年新生了男孩的

图5-27　土楼祭祀(张志坚)

人家要到祠堂燃放鞭炮,庆祝新生命的诞生,祈祷先祖保佑香火延续、家族人丁兴旺。

祠堂作为民间宏伟的建筑,如一卷绵长的历史画轴,是一个家族源流世系的标志和兴旺繁衍的象征,也是土楼人寻根溯源、崇敬先贤的体现。从祠堂文化那淳朴的传统内容和深厚的人文根基中,人们可以寻找到人类前进和家族发展的足迹。

第六章
客家土楼的保护与传承

历史悠久、数量众多、具有深邃文化内涵的土楼是无法读尽的。每一座土楼都是一部土楼先民生存与发展的历史。它坚不可摧的墙体，曾抵挡数不清的外来侵扰和劫掠；它围合的楼体，阐释了土楼先民聚族而居的强大精神力量；它独具一格、异彩纷呈的建筑，凝重深厚、博大精深，体现了中华民族千古神韵。但由于其大多遍布在环境闭塞、交通不便的崇山峻岭间，也经历了从封闭到开放的过程，在现代化和商品经济大潮的冲击下，土楼地区的人们居住观念发生了变化，已不再营造土楼。因此，做好土楼的保护与营造技艺的传承刻不容缓。

第一节
由封闭走向开放的客家土楼

客家土楼是中国文化中纵贯古今的结晶，是落后生产力与高度文明两者结合的奇特混合体。当年，被迫从中原南迁的先民，辗转来到闽粤赣的荒郊野岭山区落居，他们是多么渴望有一个安身立命之地，让疲惫的身心得到些许的歇息呀！这片荒芜之地似乎也在等待着他们。为适应这里丘陵盆地、灌木丛林的自然条件，与出没的野兽、强悍的原住民进行不懈的抗争，让家族在动荡的社会局势中获得生存和发展，他们不得已，在建楼聚居时采用高大、坚固、封闭的土楼形式。

长期以来，闽粤赣山区先民都把土楼当作不可缺少的寄身之处，一个可以获得安全与认同的居所，因此，这种土楼具有极强的封闭性。当地住民并没有觉得土楼有什么特别之处，许多人甚至把土楼看成是愚昧、落后、保守的符号，一些土楼建筑的老物件，如精美木雕构件、门窗等被随意拆除、变卖。特别是随着农民与农村、农业的剥离，外出务工人员增多，导致许多土楼及其传统村落原住民的道德观念和价值取向发生急剧裂变，不少传统文化保护与传承出现断层。而外人也难以深入其中，对它丰富的文化底蕴及内在的价值意义更是认识不多。几百年来，土楼像是"养在深闺人未识"的女子，在自然风雨的慢慢侵蚀中自生自灭。

直到20世纪60年代初，一个世界级的误断，才使土楼名扬天下。

据报道，那时美国中央情报局在卫星照片上发现了中国闽西南的崇山峻岭中有许多类似于核反应堆或者像导弹发射架模样的东西。为此，他们派出谍报人员贝克，让其以摄影记者的身份来到闽西南实地侦察。当贝克夫妇进入福建省南靖县书洋镇区，看到公路两旁星星点点地耸立着一座座巨大的建筑物，像一朵朵蘑菇点缀在山坡上、溪岸边、田野间，好奇的贝克忙举起相机拍照，并进入土楼里去看了个究竟。贝克考察后回到美国，向美国总统递交了一份《中国南部调查报告》：在中国福建省南靖县300平方千米范围内，发现有1 300多座各种类型的土楼，有圆形、方形、伞形等形状，每座占地面积1 000平方米左右，一般为3～5层，高13～20米……这种建筑最早的距今已有600多年，十分坚固，可防风防潮、防震、防盗窃，宜于居住。土楼外观奇特，从高处俯视，往往被认作有特殊用途的建筑，让人们产生误解……

土楼，就这样阴差阳错地名扬天下。

于是，一批又一批国内外专家纷至沓来，到闽西南的山坳里"寻宝探秘"（图6-1、图6-2）。

1985年，联合国教科文组织顾问史蒂文斯·安德烈考察土楼后赞

图6-1　走向开放的土楼(张志坚)

图6-2　"世遗"专家考察土楼(张志坚)

道:"这是世界上独一无二的土楼建筑——神话般的民居住宅,也是世界住宅史上一个值得研究的重大课题。"

1986年,日本建筑学家茂木计一郎带着10多人来到土楼考察。考察后,茂木计一郎这样描述:"从闽南跨越到闽西的狭窄山道……过了山口不久,发现眼下山麓边的环形土楼,在有水田的山谷中蜿蜒而流的河岸膨出的地方,恰似大地盛长的巨大茸草一样,圆圆的土墙建筑物点点相连。或似黑色的UFO(飞碟)自天而降一样,飘荡着好几个环形的瓦屋顶。那似拔地飞腾而上,又似从天空舞降下来的不可思议的光景,与其说是住宅,不如说是城寨,不,是不可想象的怪物,超然地横躺在我们眼前的山谷中,我们都看呆了。"他们的研究成果在国外发布后,引起了强烈反响。

此后,同济大学、华侨大学建筑系大批师生前来实地测绘研究。国家文物局、国家历史文化名城保护专家委员会等专家学者,以及美国、澳大利亚等国家的遗产保护官员都慕名来到福建实地考察土楼民居。

1999年,为打开土楼走向世界的通道,福建省启动土楼申报世界文化遗产项目。在土楼"申遗"过程中,他们建设了土楼博物馆,向人们展示福建的早期开发、土楼建造技艺和建筑文化内涵、土楼人家生活习俗等;并做了土楼的本体保护管理与周边环境整治工作,让人们身临其境,不仅可领略到灰黄色调的村落、厚重沧桑的土楼,而且可观赏到青翠欲滴的绿茵、摇曳婀娜的竹木、阡陌纵横的田野、潺潺不息的小溪。2008年7月6日,在加拿大魁北克城举行的第32届世界遗产大会上,福建土楼以"全世界独一无二的、神话般的山区建筑模式,创造性的天才杰作",被正式列入世界遗产名录,包括永定、南靖、华安三地代表福建土楼精华的"六群四楼"共46座。从此,曾经封闭一时的土楼走向世界。

随着福建土楼进"世遗",那些曾经隐于深山之中的土楼更是失去了往日的宁静。招商用土楼去引资、影视选土楼做场景、小说取土楼为题材、媒体借土楼来炒作、旅游以土楼为中心,土楼的保护和旅游(图6-3)的开发受到更广泛的重视。在土楼推介上,当地政府邀请国内外新闻媒体到土楼采访(图6-4)、拍摄专题片和撰写文章,出版土楼专著,举办土楼主题歌征集和土楼摄影艺术评选,土楼一次次出现在电视、画册、报纸上……打响了土楼品牌,提高了土楼的知名度和美誉度,从而吸引了一批又一批、络绎不绝的研究者与观光客。

土楼人家也依托土楼文化、生态资源,吸引民间资金参与旅游餐饮、住宿等项目的经营开发,

图6-3　山水楼趣(张志坚)

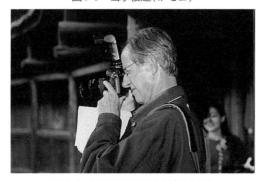

图6-4　外国专家考察土楼(张志坚)

发展传统村落旅游、民间工艺作坊、乡土文化体验、农家农事参与等文化休闲旅游产业。许多农户利用自有的土楼古民居,发展手工艺品店铺、茶馆、私房菜馆、药铺、民宿等农家乐特色经营,把现代旅游与土楼文化有机结合起来,让人们在休闲旅游度假的同时,又能领略到深邃久远的土楼历史文化,体验到农家乐的生活乐趣。

第二节
做好土楼的保护与营造技艺传承

多姿多彩的客家土楼创造的奇迹,反映出登峰造极的夯筑技术,和围绕土楼的传说典故及民俗风情一起,共同构成了一幅土楼文化的精彩画卷。

土楼营造工艺精巧,规划构筑考究,充分利用自然空间,合理安排房屋布局,或依山,或傍水,使居住的楼屋与自然环境相协调。这些结构千姿百态、内部空间丰富有序、装饰工艺精湛高超的土楼,其营造继承了中原古老的生土建筑技艺,保留了大量优秀的建筑传统,成为古建筑技艺研究中的活化石。如果没有得到有效保护,尤其是日常维护保养,也易损、易坏;如果没有做好传承,这项高超的营造技艺就可能永久失传。

| 一、保护现状 |

20世纪70年代前,土楼主要由居民管理、维修,如居民每年自费翻修、检漏屋顶,疏通四周排水、排污沟等。20世纪80年代后,当地政府成立了文物管理委员会,逐步形成了以政府为主导、楼内居民积极参与的保护管理机制。一是先后公布500多座土楼为国家级、省级和县级文物保护单位,对公布为文物保护单位的土楼,划出保护范围、竖立保护单位标志、组建群众文物保护小组等。二是对重点土楼开展抢救性的维修保护(图6-5、图6-6),如福建省有计划地对田螺坑土楼群、二宜楼、集庆楼、承启楼、振成楼等进行维修、加固。在维修中,对损坏的柱、梁、枋、檩、椽等木构件采用相同材料修补或更换(图6-7),以类似的瓦补换破损的瓦(图6-8),对残损的墙体仍以生土夯筑修复,少量使用土坯砖填补。三是邀请同济大学、天津大学、福建省建筑设计院等单位,利用近景摄影测量等技术对永定、南靖、华安等区县的重点土楼进行测绘记录建档。四是当地人民政府采取封山育林等一系列措

图6-5　裕昌楼维修(摘自《福建南靖土楼》)

图6-6　土楼外墙维护(南靖县文保中心)

图6-7 土楼木构件维修(南靖县文保中心)　　图6-8 土楼屋顶维修(南靖县文保中心)

施,加强对土楼周边植被的保护工作,造就有利于土楼民居永久保存的生态环境。

这些年,土楼所在地的各级政府还开展了土楼的调查研究工作,建立土楼历史沿革、建筑特点、保存现状、保护维修情况、环境状况、自然灾害影响、保护管理制度、保护管理机构以及居民的生活方式等文字档案,做好土楼文化挖掘、土楼保护工作,使土楼的保护与传承步入正轨。

在土楼文化的挖掘上,针对土楼及其传统村落的很多原始性及其附属的文化性不断流失,不少传统技能和民间艺术后继乏人,传承上出现断层,一些民俗文化濒临消亡,难以构成人群、村落、文化的传统生态圈等问题,政府组织当地作家、民间文艺家、音乐家,深入发掘整理那些已濒临灭绝又具有较高艺术价值的姓氏、建筑、民间和民俗文化,包括传统艺术、传统民俗、人文典故、地域风情等,通过深入挖掘其内涵,促进土楼及其传统村落文化遗产的保护、创新与发展。

在土楼的保护上,政府采取多形式的保护措施,如福建省人民政府制定了《福建省"福建土楼"文化遗产保护管理办法》,明确土楼的保护措施等;漳州市也制定了《漳州市古镇古村保护和整治的实施意见》,要求在传统村落的保护和整治过程中尊重历史,尊重现实,修旧如旧,体现特色,提升品位。贯彻"以民为本"的方针,让村民在日常生活中,注重对土楼的保护,保证当地独具特色的文化与村落同在,让有形建筑、无形文化的保护与当地经济和谐发展。永定区还成立了古建筑保护公司,该公司具有全国唯一的古建筑维修保护(限福建土楼建筑)一级资质。公司的宗旨就是在保护土楼的同时传承土楼营造技艺,在承接土楼维修工程后,聘请掌握土楼营造技艺的老师傅,带着徒弟去维修。这样既可以保护土楼,又可以传授技艺。这种"公司+工匠"的模式,破解了永定土楼营造技艺的传承问题,使土楼营造技艺的传承有了载体和可持续性。

二、技艺传承

自20世纪80年代后期开始,闽粤赣山区一带就没有再建土楼了,懂得土楼营造技艺的人已越来越少,且大多上了年纪。加上市场空白的缘故,很少有人愿意学,因此连土楼维修工匠也难寻。原因是会修土楼的人少之又少,且这个活不好干,危险系数大,报酬又低,所以传承问题令人担忧。

近些年,福建龙岩市和漳州市南靖县、华安县等地积极开展非物质文化遗产的申报工作,"客家土楼营造技艺"被列入国家级非物质文化遗产。为了不使此项技艺就此失传,永定、南靖、华安这三个土楼世界文化遗产地都确定了非物质文化遗产传承人,其中徐松生为"客家土楼营造技艺"国家级非物质文化遗产代表性传承人,张羡尧为省级代表性传承人,张民泰、简如林为市级代表性传承人,蒋石南、黄明生为华安县"土楼营造技艺"代表性传承人。南靖县还公布一些土楼群和重点土楼夯墙泥水匠、木匠名单。

徐松生,1953年出生于永定县(今永定区)下洋镇初溪村余庆楼,其父亲和叔父都是当地营造土楼的名师傅。从小耳濡目染,徐松生对土楼营造技艺产生了浓厚的兴趣。1968年初中毕业后,15岁的徐松生就跟随父亲徐恒聚学习泥水、木作等土楼营造技艺,参建了下洋镇的方形土楼红阳楼。凭借兴趣、天赋和勤学精神,20岁的徐松生便熟练掌握了选址、设计、备料、放样挖基、夯墙、木作、架木料、铺椽、铺瓦、开沟防雨、排水保墙等土楼营造技艺,成为永定客家土楼营造技艺的第四代传人。1977年,徐松生开始独立从事客家土楼及民居建筑的营造和维修工作,先后承建了月流村圆形的两层土楼江屋,初溪村圆形的三层土楼善庆楼、恒庆楼,暗佳村方形的三层土楼初撰楼。由徐松生设计、施工、维修的大小土楼共10多座。1985年,理论不足的徐松生就读于龙岩金桥建筑培训班,学习工程质量管理和其他建筑知识。1987—1995年他组建了湖山建筑队,培养了一大批土楼建筑人才。2001年,初溪土楼群中的"家族之城"集庆楼,作为申报世界文化遗产的土楼之一,因年久失修,屋面大部分檩椽腐烂不堪,瓦顶透光,挑梁腐朽折断,墙体严重变形,72架楼梯残损歪斜,特别是510根立柱全部倾斜。其维修工程大,危险系数高,徐松生"临危受命",承接了维修任务。他凭借惊人的土楼营造技艺,矫正和更换蛀蚀的立柱,更换梁檩椽瓦、楼梯楼板,成功消除了整楼倒塌的风险。维修后的集庆楼重现了昔日古朴沧桑、气势磅礴、恢宏壮观的风采。2002年,广东省土楼花萼楼因年久欠护,全楼30个单元中有7个单元需抢救修复,当地聘请众多师傅,皆维修无果。徐松生在探查原因后,提出了设计和承修方案,并运用独创的"楔形夯法"和"定位槽法",使花萼楼的维修达到了极高的水准。他的土楼营造与维修技艺深受社会各界的肯定与好评。他还花大量的时间,整理、研究和总结了永定客家土楼营造技艺的相关知识,成为著名的土楼营造师傅。

张羡尧,1941年出生于南靖县书洋镇塔下村和兴楼,为客家土楼营造技艺第七代传人。1964年开始当学徒,初期练习刨、劈、凿、锯、锤等基本功,经过两年熟练掌握后才学下料、画线、安梁等工作,直到独立作业。1967年,张羡尧开始带徒弟独自承揽木工油漆工程,主要从事搭建桥木架、土楼木架、土楼装修等大木作及建凉亭、祖庙之类的细木作和油漆工作,并在1970年建造塔下村"永盛楼"。之后,他先后参与建筑裕德楼、南山楼、积兴楼、俊信楼、耀兴楼等土楼,成为四里八乡、远近闻名的土楼营造师傅。从出师开始,他便以口授为主、结合实践指导的教学方式,亲传徒弟10余人,让徒弟在实际操作中掌握基本功。2000年后,他总结30多年摸索的实践经验,撰写了《土楼旧事》一书,书中记录的土楼建筑程序值得后人参考。

张民泰,1944年出生于南靖县书洋镇河坑土楼,十多岁就跟随营造土楼的师傅学习。通过多年的实践,张民泰从土楼设计到施工样样在行,在夯土、掺土、做土等方面有一定的造诣。他参与了南靖县河坑土楼群的建设,跟师傅们一起营造了永定县(今永定区)初溪土楼群、南靖县版寮村李屋土楼群中的部分土楼,并在实践经验的基础上,做了许多土楼营造笔记,整理了一些难得的土楼营造资料,传授给年轻一代学徒,使土楼营造技艺得以传承、延续和发扬光大。

简如林,1939年出生于南靖县梅林镇官洋村。自1955年开始认真学习土楼营造技艺的相关书籍,跟随当地木匠师傅学习普通民房木构架的设计与制作,自己制作木工工具和土楼夯筑所需的夹板、大拍板、小拍板等整套工具。主持修建了多座土楼,积累了丰富的营造经验。他重视土楼夯墙传承工作,先后培养出夯筑匠师9人。

蒋石南,1955年出生于华安县仙都镇大地村,是大地村二宜楼楼主蒋仕熊的第九代孙。他自年轻时便开始学习土楼夯筑技术,熟谙土楼营造技艺,并主持或参与多座土楼的维修,具有丰富的建筑经验。他十分重视夯墙技艺的传承,主动把夯筑技艺传承给年轻一代。

黄明生,1936年出生于华安县仙都镇,是大地村二宜楼楼主蒋仕熊的第九代孙女婿。他年轻时便跟长辈学习土楼夯筑技术,经过多年的实践和锻炼,积累了丰富的营造经验,并主持、参与多座土楼的维修。他把土楼营造技艺和土楼文化传承给年轻一代,让各式各样的土楼陪伴乡亲安居乐业,生生不息。

结语

客家土楼营造技艺保护展望

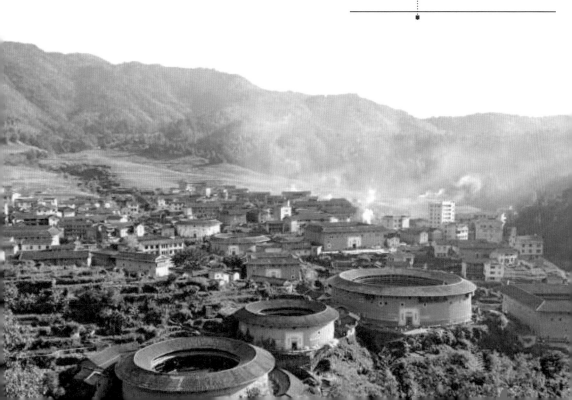

具有民族性、地域性、乡土性、兼容性的土楼,是一种文化符号,每一座土楼都带有特殊的文化因子,都是某种历史记忆的实物载体。它是史,记录了中原民众背井离乡、历经磨难,另择吉地重建家园;记录了闽南人避外乱、逃兵匪,巧于乱中求安。它是家,人们在这里落户,夏凉冬暖;院院有井,有的水井就在各家灶间;稳定的结构抗震不塌,墙厚胜似城堡,抗敌安全。它是画,表现了土楼人五彩缤纷的生活场面;尊祖有祖堂,教育有学殿,还有那婚丧嫁娶、洗涮晾织、充满温情的大院。它是诗,吟出了土楼的生命在于群山环抱,曲水绕流,好似一处处世外桃源。它是歌,唱出了土楼人平等、团结、友爱和自强不息、顽强拼搏的意念。土楼所焕发出的顽强生命力,与现代建筑精神相通,是当代建筑师珍贵的借鉴。

　　然而,在我国现代化改革大潮之中,土楼也面临着经济文化思想基础剧变的考验。它成为被新经济模式与新思维方式主宰的新一代人所抛弃的历史文物,也即其赖以繁荣与传承的基础不可逆转地失落了,尤其是那些没被列为世界文化遗产名录和各级文物保护单位的土楼,以及未被列入国家、省级历史文化名村的土楼群,现正处于益发快速被毁损的危险境地,许多土楼面临自然侵蚀,包括墙体倒塌、墙身出现片状脱落、覆瓦碎裂、楼内木构建筑遭受病虫害、彩画木雕褪色脱落等,一些土楼还遭受人为的破坏,尽失土楼的"土味"。因此,土楼作为一种遗产被保护起来已刻不容缓。

　　土楼是活态文化遗产,应受活态的保护,而不是静态的封存。要加强调查研究,全面准确地掌握土楼的现状和演变发展规律,制订科学的管理办法;同时要加强对土楼的保护研究,积极开展学术交流,提升土楼的保护研究成果。要严控保护红线,明确规划保护的核心区、缓冲区和发展区;在严格控制土楼边上建筑,避免破坏土楼整体风貌的同时,深挖土楼所在地地域特色的自然及人文景观资源,探索符合实际的村落生态保护与发展途径。坚持"两条腿走路",保护和开发并举,以开发带动保护,用保护促进开发。引导村民发展,鼓励原住民自我管理土楼,自觉参与土楼的保护。政府除了投入资金用于保护土楼及其周边环境外,还要优先考虑土楼原住民的后续发展问题,把它与提高百姓生活质量结合起来,因地制宜,实现保护、居住、开发三者并举。土楼有人住、有人开发,才能被更有效地保护。

　　未被列入"世遗"的土楼,有许多都是精品,要进行普查筛选,确定保护等级,把更大范围的土楼保护问题提上工作日程。对于那些独具特色但不是"世遗"的土楼,要有计划地妥善保护,不能只盯着已列入"世遗"的土楼,而让同样宝贵的资源消失。要结合土楼的保护,把土楼村落的书院、寺庙、桥梁、古井等传统建筑,建筑之中随处可见的精美木雕、石雕、彩画等一同保护,使其成为一道独特的人文景观,同时

图7-1　土楼民俗活动(张志坚)

做好土楼人家祭祀、婚丧喜事、民间文艺、宗法观念、穿着饮食等传承保护,展示土楼人家的传统文化风采(图7-1),为土楼注入深厚的文化内涵,让土楼这道古朴、自然、厚重的文化景观永驻,给人们留住一份美丽的"乡愁"和可以"寻根"的记忆。

　　做好土楼营造技艺的传承。营造土楼最近的是20世纪80年代,此后至今三四十年就没有再建过土楼。而土楼是一种土木结构的民居,随着泥水匠、木匠师傅的年老和离世,许多工艺正面临失传的危险,尤其是现代建筑早已不需要木作,懂木作架构建筑房屋的师傅已很难找到。面对这一濒危状态的土楼营造技艺,有必要启动"数字土楼"工程,进行科学有效的抢救性记录。除了对土楼的历史渊源、形成发展过程、历史作用、社会与艺术价值等进行挖掘整理外,还要对营造技艺进行数字信息获取与技术处理,通过文字、录音、录像等方式,利

用先进的二维/三维扫描技术、数字摄影摄像、三维建模与虚拟场景及图像处理等技术,对土楼营造技艺进行真实、系统和全面的记录,实现对土楼营造技艺数据的大规模存储管理,让专家、学者、研究人员更好地利用数据信息,使土楼营造技艺得到长期保存和保护,世代相承和传播。

土楼的展示需要平台,为了让土楼遗产鲜活起来,要吸引社会力量共同参与,推动土楼博物馆、展示馆等场馆建设,促进土楼的保护与弘扬。通过展览馆或博物馆建设,继承并发扬土楼营造技艺传统与营造智慧,以现代的建筑语言,重新诠释土楼的营造技艺与空间特征。通过一系列的生土展品展示,进一步实现对现代夯土墙营造技术的推广与应用,将传统智慧以现代的方式再现,从而唤起人们对生土营造工艺的信心,让大众能够在展览馆里多维度地了解土楼工艺等,增强互动与体验。

要在土楼区域的中小学开设"土楼乡土教材"课程,让生长在土楼里的新一代从小认同土楼的文化特质。要经营好一批土楼文艺节目,运用文艺形式,表现土楼丰富的文化内涵和绚丽多姿的民俗风情,生动形象再现土楼人坚忍不拔、团结互助、爱国爱乡、崇正报本、崇文重教、开拓创新的文化底蕴。开发一批以土楼为主题,集知识性与趣味性于一体的系列动漫游戏,增强游客对土楼文化的记忆。